Paris
1877

Hartmann, Eduard Carl Robert von

Le Darwinisme

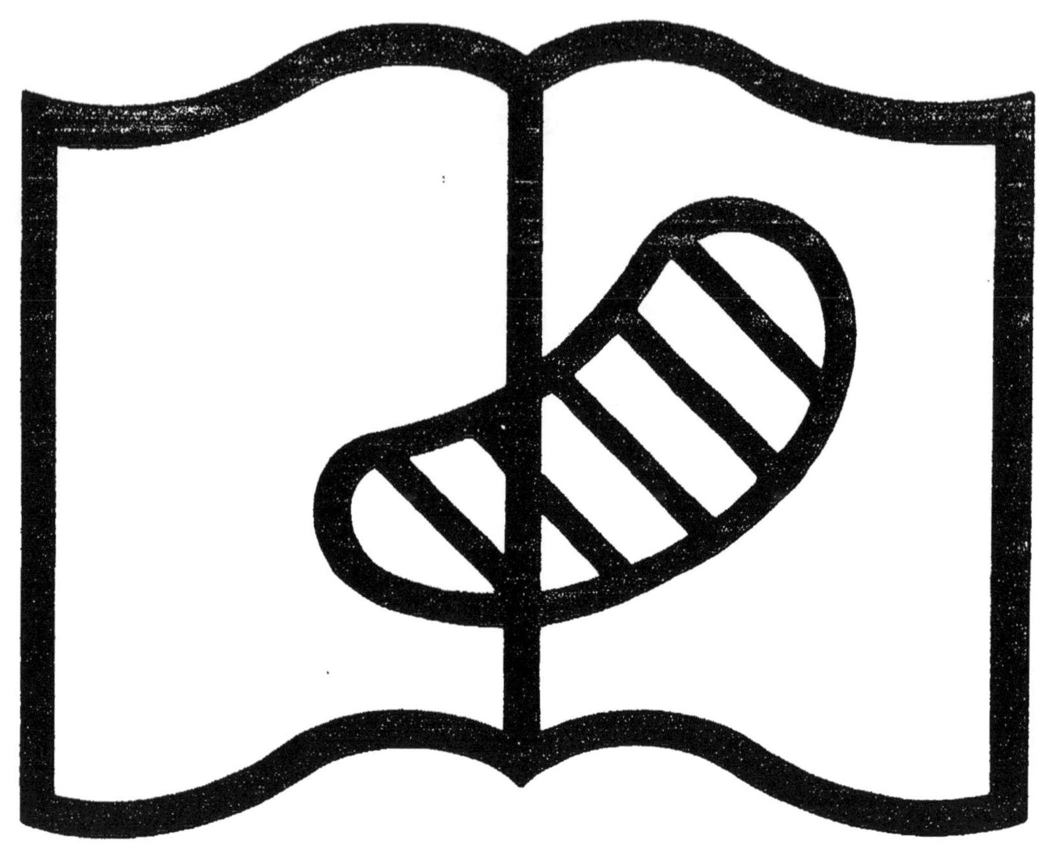

**Symbole applicable
pour tout, ou partie
des documents microfilmés**

Original illisible

NF Z 43-120-10

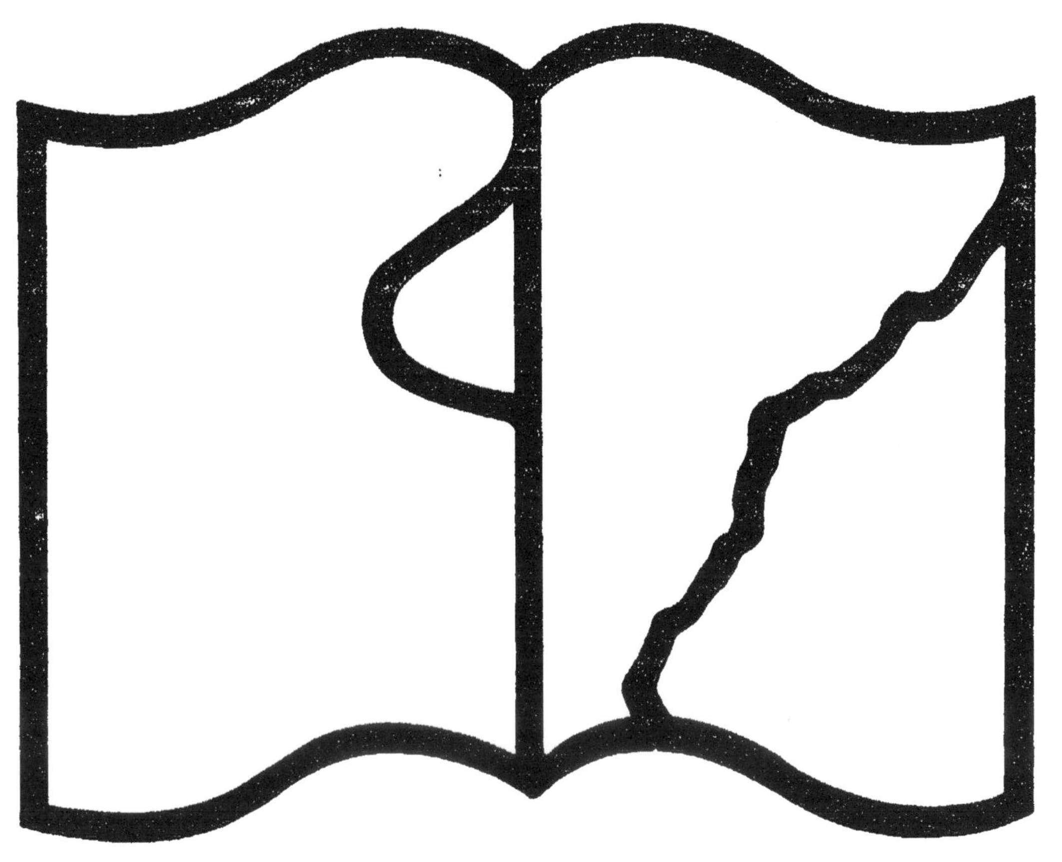

**Symbole applicable
pour tout, ou partie
des documents microfilmés**

Texte détérioré — reliure défectueuse

NF Z 43-120-11

LE DARWINISME

OUVRAGES DU MÊME AUTEUR

TRADUITS EN FRANÇAIS :

LA PHILOSOPHIE DE L'INCONSCIENT, traduit par *M. D. Nolen*,
2 forts vol. in-8 .... 20 »

LA RELIGION DE L'AVENIR, 1 vol. in-18 .... 2 50

HISTOIRE ET PHILOSOPHIE ALLEMANDE AU XIXe SIÈCLE, traduit par *M. D. Nolen*, 1 vol. in-8 .... 5 »

AUTRES OUVRAGES DE M. GEORGES GUÉROULT.

THÉORIE PHYSIOLOGIQUE DE LA MUSIQUE, par *Helmholtz*, traduit de
l'allemand par *G. Guéroult*. Paris, Masson, 1868; 2e tirage, 1873.

LES THÉORIES DE L'INTERNATIONALE. Paris, Didier, 1872.

UN PROJET DE RÉFORME MUNICIPALE. Paris, 1876.

Coulommiers. — Typographie Albert Ponsot et P. Brodard.

LE
DARWINISME

CE QU'IL Y A DE VRAI ET DE FAUX
DANS CETTE THÉORIE

PAR

EDOUARD DE HARTMANN

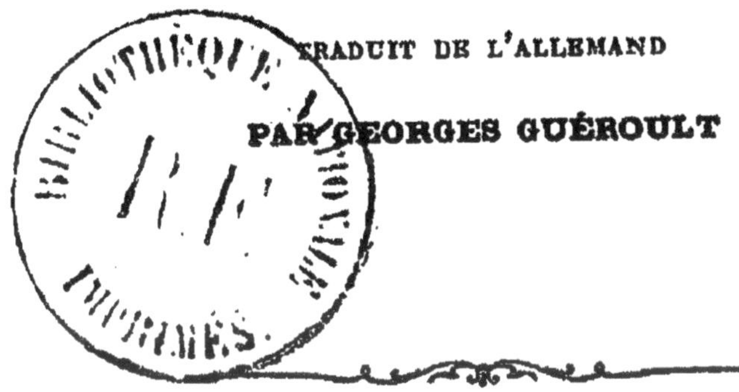

TRADUIT DE L'ALLEMAND

PAR GEORGES GUÉROULT

PARIS

LIBRAIRIE GERMER BAILLIÈRE ET Cie

PROVISOIREMENT, PLACE DE L'ODÉON, 8

La librairie sera transférée *108, Boulevard Saint-Germain,*
le 1er Octobre 1877.

1877

LE DARWINISME

CE QU'IL Y A DE VRAI ET DE FAUX
DANS CETTE THÉORIE

CHAPITRE Ier

LE DARWINISME A L'ÉPOQUE ACTUELLE.

Le darwinisme occupe, sans contredit, une place prépondérante dans les préoccupations intellectuelles de notre époque; les ouvrages principaux de Darwin et de Hæckel ont été publiés à plusieurs éditions; par de nombreux écrits élémentaires, on s'est efforcé de propager la nouvelle théorie, et, dans les livres comme dans les journaux, la polémique scientifique et populaire a pris un développement d'une étendue presque incalculable. D'une manière générale, on peut constater, dans les huit dernières années, un progrès très-marqué de ce système qui n'avait rencontré d'abord qu'une défiance universelle; et rien, peut-être, n'a tant contribué au rapide essor du darwinisme, que l'ardeur avec laquelle il a été combattu par la théo-

logie de toutes les confessions, alliée à la philosophie
des professeurs. Contre des adversaires s'appuyant
sur des arguments peu fondés et anti-scientifiques sur-
girent des partisans fanatiques ; leur enthousiasme
téméraire tira, de la théorie de Darwin, des conséquences que son auteur n'avait fait qu'indiquer timi-
dement, ou avait même voilées à dessein ; cette témé-
rité ne fit qu'exaspérer encore les ennemis du système. De son côté, l'école matérialiste ne manqua pas
de confisquer le darwinisme au profit de ses tendances, et, par la manière dont David Strauss y incarna
le symbole de sa nouvelle croyance, ce penseur nous
a fait voir à quelle profondeur la nouvelle théorie
avait pénétré, même dans les milieux qu'on aurait dû
croire le mieux protégés, par leurs habitudes philosophiques, contre l'irréflexion matérialiste.

Parmi les savants eux-mêmes, s'établit, s'imposa
l'idée que, dans le point de vue adopté jusque-là, il
était impossible de combattre les nouvelles théories,
et qu'il fallait, d'une façon ou d'une autre, s'incliner
devant elles ; seuls, de vieux savants, qui n'avaient
plus l'élasticité intellectuelle suffisante pour refaire
leur éducation, se montrèrent absolument réfractaires
à l'influence du darwinisme. Les esprits réfléchis, qui
cherchaient à démêler le vrai et le faux dans le nouveau système, étaient extrêmement rares ; leur voix
se perdait dans le vacarme de la lutte entre les partisans enthousiastes et les adversaires fanatiques. Or,
le seul fait d'exciter ces enthousiasmes et ces ré-
pugnances, peut être considéré comme la preuve
qu'une théorie renferme à la fois du vrai et du faux ;
que des idées fécondes, séduisantes y sont mêlées à
des vues incomplètes et, par cela même, inexactes.

La tâche de la critique philosophique consiste à

reconnaître ce qu'il y a d'incomplet dans un système, et à éliminer d'abord les erreurs provenant de ce que la partie a été prise pour le tout; de ce qu'une idée relative a été considérée comme absolue; de ce qu'une proposition, vraie entre de certaines limites, a été étendue au-delà de ces limites, et de ce qu'un principe d'explication admissible jusqu'à un point donné, a été exagéré dans ses conséquences. C'est cette tâche que je me suis efforcé de remplir, par rapport au darwinisme, dans la première édition (parue en 1868) de ma *Philosophie de l'Inconscient*; je présentais la théorie de la descendance comme la portion absolument vraie, inébranlable, du darwinisme; je l'admettais comme partie intégrante de mon système. Je prouvais, au contraire, que le principe de la sélection naturelle et sexuelle avait été étendu au-delà des limites entre lesquelles il peut valoir comme explication.

L'objection capitale, empruntée au botaniste Naegeli, était celle-ci : la sélection naturelle ne peut agir sur les rapports morphologiques de structure, mais simplement sur l'adaptation à des destinations physiologiques déterminées d'organes donnés morphologiquement. Au contraire, la différence des espèces, dont Darwin cherche à expliquer l'origine par sa théorie de la sélection, est de nature essentiellement morphologique; tout progrès, notamment, vers un degré supérieur d'organisation repose sur une modification morphologique des rapports de structure des organes. Depuis, Darwin lui-même s'est trouvé amené à reconnaître la force de cette objection, et à convenir qu'il avait attribué une part trop grande à l'action de la sélection naturelle, parce qu'elle ne pouvait s'appliquer qu'aux caractères ayant un rôle physiologique, nécessaire aux caractères d'adaptation, et non aux rapports nombreux de structure morphologique, dont l'importance physiologique est nulle. Dans la cinquième édition anglaise de son ouvrage principal, édition revue, il reconnaît qu'il a commis là une « très-grande erreur ». Il a oublié, pourtant, d'en conclure que le titre *Origine des espèces expliquée par la sélection naturelle* n'avait plus de raison d'être, puisque ce sont précisément les caractères morphologiques, physiologiquement indifférents, qui sont les plus importants et les plus décisifs pour le type de l'espèce ; on ne peut vraiment pas expliquer l'origine des espèces par un principe qui laisse sans explication le point principal. Darwin s'est dissimulé à lui-même cette conséquence évidente en donnant plus d'importance à des principes auxiliaires, lesquels, comme nous le verrons, conduisent à une idée fondamentale tout à fait opposée à celle d'où est venu le principe de la sélection.

Il ressort au moins de ce qui précède, que les hypothèses, les principes et les théories englobés sous le nom de « darwinisme », ont grand besoin d'être passés au crible d'une analyse sévère, si l'on ne veut pas que la confusion, qui règne dans ce domaine, continue à voiler d'un nuage impénétrable pour les facultés intellectuelles ordinaires de ce qu'on appelle le public éclairé, le problème si important dont il s'agit. Il est grand temps qu'on cesse de considérer le darwinisme comme un *tout* complet, *un*, et de mettre l'évidence victorieuse de la théorie de la descendance au service d'un ensemble complexe d'hypothèses, qui ne reposent que sur la tendance générale à remplacer par une somme d'actions mécaniques, extérieures, fortuites, l'idée de l'évolution organique, interne, s'opérant suivant un plan déterminé. La théorie de la descendance s'adapte également bien aux cosmogonies mécaniques ou organiques, matérialistes, panthéistes ou déistes, et cette circonstance l'aurait recommandée avec encore plus de force à l'examen impartial de tous les partis, si, dans le darwinisme, elle ne se trouvait point amalgamée à la théorie de la sélection. Le concept mécanique du monde, fondé sur le principe de la sélection, en tant que ce principe est considéré comme fournissant à lui seul une explication suffisante, et non simplement comme un procédé technique, accessoire du *processus* de l'évolution intérieure, tel est le point sur lequel se concentrent toutes les attaques dirigées contre le darwinisme. Et si elles s'égarent en même temps sur la théorie de la descendance renouvelée avec tant d'éclat par Darwin, c'est que les anti-darwiniens admettent sans examen, chez leurs adversaires, la foi dans l'union indivisible des deux théories, sans en pressentir la réelle hétérogénéité. Inversement, beaucoup de gens sont amenés, par l'éclatante évidence de la théorie de la descendance, à accepter la sélection et le concept cosmique mécanique qui en découle, faute de pouvoir séparer ces deux éléments disparates du darwinisme.

De leur côté les partisans enragés du darwinisme s'élèvent énergiquement contre cette séparation nécessaire, parce qu'ils comptent sur la puissance de leur concept de la nature, pour former un *tout coordonné* où l'hypothèse explicative ne présente plus de lacunes, au moins de celles par où pourrait passer une explication *métaphysique*. Pour pouvoir offrir un système complet en apparence, répondant à l'entraînement de notre époque vers des concepts

mécaniques, ils s'efforcent de maintenir debout la prétention, depuis longtemps démontrée insoutenable,
que la théorie de la sélection, associée à des explications mécaniques auxiliaires, suffirait à rendre compte
du *processus* d'évolution visible de la nature organique sur la terre. Ils méconnaissent en cela la distinction célèbre qui s'est établie d'elle-même jusqu'ici
dans les sciences exactes, savoir la limitation des tentatives d'explication au domaine de ce qui est *réellement explicable* par les moyens scientifiques donnés
dans chaque cas, et ils imitent la philosophie, si fréquemment blâmée par la science pour ses extrava-
gances, sans apporter dans leur entreprise des vues
vraiment philosophiques.

En réalité, les discussions dont il s'agit ici en dernière analyse, sont d'une nature, non pas scientifique,
mais philosophique, et, par conséquent, la philosophie
semble avoir, non-seulement le droit, mais le devoir
d'y prendre part. Ajoutons que l'objet du débat est
aussi de la plus haute importance pratique. Car c'est
sur la question de la naissance et du développement
du règne organique sur la terre que s'est accusé, dans
l'ancienne philosophie, le contraste entre les concepts
mécaniques et organiques, matérialistes et idéalistes.
Du point de vue qui prévaudra en philosophie en faveur de l'un ou de l'autre système, dépendra essentiellement, pour l'avenir le plus prochain, le succès des
concepts matérialistes ou idéalistes, alternative dont
les termes feront entrer, au moins provisoirement,
dans des directions toutes différentes, le développement des peuples civilisés, solidairement unis.

Plus sont importantes les conséquences qui se rattachent à la solution des problèmes soulevés par le
darwinisme; d'autre part plus est grande la popula-

rité acquise à juste titre dans ces dernières années par la théorie de la descendance, et plus est devenue évidente la nécessité de séparer cette dernière des autres éléments darwiniens d'une valeur douteuse. Aussi faut-il saluer avec reconnaissance l'apparition de l'ouvrage [1] dans lequel M. Wigand, professeur de botanique à Marbourg, s'est proposé de soumettre le darwinisme sous toutes ses faces à l'analyse et à la critique, tâche dont il s'est acquitté avec tout le soin, toute la solidité, et aussi toute la timidité qui distinguent l'esprit allemand. Ce livre dépasse, sous beaucoup de rapports, le but proposé, et, par conséquent, donne prise aux adversaires en plusieurs endroits ; il s'attache à défendre une position perdue suivant moi, la constance de l'espèce ; il attribue à la lutte pour l'existence et à la sélection naturelle une valeur trop faible, à peu près au même degré auquel Darwin leur attribue une valeur trop grande ; il apporte, dans une question scientifique, des arguments théologiques qui n'auraient certainement rien à y voir si cette question était traitée d'une façon plus philosophique.

En revanche il néglige les recherches philosophiques, certainement tout-à-fait à leur place dans le début, sur l'essence de la loi d'évolution interne et organique, qu'il considère avec raison comme le principe universel de la nature organique. Avec tout cela cet ouvrage est, à ma connaissance, le premier, paru en Allemagne, qui ait élucidé le système darwinien dans toute son étendue, avec une pleine connaissance du sujet et une argumentation d'une critique pénétrante ; qui ait soumis à un examen décisif, impitoyable, la fausse auréole sous laquelle, dans le

1. *Le Darwinisme et la science de Newton et de Cuvier.*

darwinisme, l'évidence de la théorie de la descendance, de l'évolution, a pu servir à édifier un concept purement mécanique de la nature organique.
A ce point de vue, je crois que cet ouvrage peut
servir à marquer, comme par une borne, la limite à
partir de laquelle le darwinisme a cessé d'occuper la
position prépondérante qu'il avait prise en Allemagne.

En ramenant à leur juste mesure les critiques parfois exagérées de M. Wigand, au moyen d'une démonstration objective qui tienne la balance égale
entre les deux partis, en écartant les hypothèses
inadmissibles introduites par cet auteur, on pourra se
convaincre que la position moyenne, prise entre le
darwinisme et ses plus récents adversaires, concorde
exactement avec celle que j'avais prise moi-même
dans la *Philosophie de l'Inconscient*, chap. C. X; et
les lecteurs qui voudront prendre la peine de comparer le sujet de ce chapitre avec les développements
qui vont suivre, auront la preuve que tous les arguments solides *pour* les parties exactes du darwinisme
et *contre* les portions insoutenables ou exagérées
dans leur portée, ont été déjà indiqués dans la *Philosophie de l'Inconscient.*

Néanmoins toutes ces preuves y sont trop brièvement exposées, et groupées d'une façon trop peu systématique, pour qu'il soit inutile de reprendre, contre le
darwinisme à la mode, une argumentation plus approfondie, quoique toujours aussi serrée que possible et
débarrassée de tous les détails scientifiques sans intérêt. Le but de ce qui va suivre est de mettre le grand
public à même de se former une opinion à lui sur la
valeur du darwinisme, en lui plaçant sous les yeux,
d'une façon aussi méthodique que possible, les éléments de cette appréciation, en particulier l'ensemble

des hypothèses enchevêtrées dans l'idée générale du darwinisme ; d'exposer les principes d'explication d'une manière intelligible aux profanes eux-mêmes, et enfin, au moyen de considérations philosophiques, de déterminer les conséquences qui découlent de la sentence prononcée sur le système de Darwin.

CHAPITRE II

Les sciences qui s'occupent de la nature organique, reposent sur un fait primordial, sur lequel leur activité est mise en jeu d'une manière ou d'une autre. Ce fait consiste en ce que tous les types du règne animal et du règne végétal présentent entre eux une certaine ressemblance ou parenté, et forment, suivant le degré de cette parenté, un système coordonné qu'on appelle système *naturel*, précisément parce qu'au lieu de s'imposer artificiellement, bon gré mal gré, aux phénomènes concrets, il se présente comme un résultat de ces phénomènes eux-mêmes. De tout temps, la botanique et la zoologie se sont attachées à tirer le système naturel des phénomènes de la nature, et à l'élaborer jusque dans ses plus petits détails en restant fidèle au même principe, c'est-à-dire en mesurant exactement le degré de parenté des types par la distance qui les sépare.

Avant de penser à une théorie de la descendance,

on avait été amené à figurer graphiquement, sous la forme d'un arbre, le système de la parenté des types, et l'étonnement dut être grand de constater que le système naturel, déduit de la flore et de la faune actuelles, présentait, dans la continuité des relations de parenté, des lacunes considérables, en partie comblées d'une façon tout-à-fait inattendue par les espèces disparues. La paléontologie servit donc ainsi, autant à compléter qu'à enrichir le système naturel (par la recherche de types homologues remplaçant dans le passé les espèces actuellement vivantes), et cela sans dépasser jamais les limites du cadre de ce système. Si la parenté des espèces actuelles est établie *dans l'espace*, celle des espèces paléontologiques est établie à la fois *dans l'espace et dans le temps*; mais, il y eût eu certainement trop de précipitation dans le dernier cas, à conclure par un simple *post hoc ergo propter hoc*, d'un lien de consécutivité à un lien de causalité. Et même, si le développement embryonnaire des animaux (ce n'est pas vrai pour les plantes) parcourt les degrés d'une série morphologique concordant par ses parties essentielles avec les traits principaux du système naturel, on ne peut, en aucune façon, se servir de cette découverte pour étendre le concept de l'arbre généalogique de la nature au-delà d'une parenté purement *idéale*, et de supposer un lien généalogique *réel*.

Cette manière de voir serait d'autant moins fondée que l'analogie des phases du développement embryonnaire des animaux avec les traits principaux du système naturel ne peut être étudiée que beaucoup trop en petit, *cum grano salis*; que non-seulement cette comparaison présente de grandes lacunes, mais encore que les conditions de la vie embryonnaire et de la vie ordinaire, dans son épanouissement propre, diffèrent tellement, qu'elles excluent toute concordance bien caractérisée. La paléontologie a fait voir que le règne organique, considéré comme un *tout*, parti de commencements simples, avait atteint, par degrés, un développement toujours plus riche à mesure que, de temps en temps, des types plus élevés venaient s'ajouter à la somme de ceux qui existaient déjà. Mais ce fait ne semble nullement impliquer la nécessité de voir dans ce résumé du développement macrocosmique dans l'histoire microcosmique du germe individuel, autre chose que le lien d'une synthèse *purement idéale* de l'affinité systématique des types, au moins tant que nous ne trouverons pas ailleurs des raisons plus fortes pour l'admettre. Deux confirmations importantes viennent plutôt renforcer l'idée du lien purement idéal des rapports de parenté, savoir : d'abord le caractère *effectivement* idéal de la parenté des types dans le règne minéral et dans les œuvres de main d'homme, et ensuite l'entrecroisement successif des rameaux du système naturel, je veux dire la multiplicité des relations d'affinité dans chaque type.

L'analogie du règne minéral, grâce à l'habitude qu'on a d'associer ce règne au règne animal et au règne végétal, pourrait paraître plus décisive qu'elle ne l'est en réalité, en raison de la différence caractéristique entre la nature organique et la nature inorganique, différence que le concept cosmique purement mécanique du darwinisme tend à dissimuler de nouveau. Pour le règne minéral aussi, dans les formes cristallines qui passent par des états amorphes en apparence, nous avons affaire à des types qui se prêtent comme les types organiques à une classification naturelle, et néanmoins il ne viendra à l'idée de personne d'imaginer ici, entre le type le plus compliqué et le type le plus simple, un lien généalogique quelconque.

Quand il s'agit de minéraux qui cristallisent dans le système à un ou à trois axes, personne ne doute que, dans cette cristallisation, chacun de ces corps n'obéisse à la loi de formation immanente en lui ; personne ne croit voir là une relation généalogique réelle. Mais, s'il s'agit d'animaux marins inférieurs du type radial et bilatéral, aussitôt l'on recherche des types intermédiaires pour en faire, non pas seulement les termes moyens d'une parenté idéale, mais les transitions généalogiques réelles d'un type morphologique se transformant en un autre. Comme la preuve directe, expérimentale, du passage généalogique d'une forme à une autre fait incontestablement défaut, le regard ne peut pas ne pas se reporter sur l'analogie des types minéraux pour constater des formes intermédiaires concrètes, lors même qu'on est acquis d'une manière générale à la théorie de la descendance. Même la possibilité de la transformation par degrés intermédiaires n'y changerait rien ; car, si elle était considérée comme une preuve suffisante de l'origine réelle, on pourrait tout aussi bien prétendre que l'hyperbole est née de la parabole, celle-ci de l'ellipse, cette dernière du cercle ou même (avec un petit axe infiniment petit) de la ligne droite. La pluralité des formes intermédiaires confinant les unes aux autres peut, en effet, aussi bien se présenter comme le résultat, plus ou moins développé, d'une cause générale interne, ou comme le signe d'une génération effective, et cela tout aussi bien si ce développement se produit seulement dans le temps, ou à la fois dans le temps et dans l'espace. Ainsi, par

exemple, le poisson doré de la Chine est jaune avec
un mélange de noir dans toutes les proportions possibles, si bien qu'il peut passer du jaune pur au noir
absolu par une série de transitions graduées ; il serait
pourtant impossible de considérer cette série de couleurs intermédiaires comme une série *génétique*,
parce que l'expérience prouve que toutes ces variations peuvent se rencontrer dans une seule génération, issue d'un même couple de parents. (Wigand,
p. 429.)

Dans cet exemple il s'agit, — qu'on veuille bien le
remarquer, — seulement de variétés pour lesquelles
la présence de séries génétiques est constatée jusqu'à
un certain degré au moins par l'expérience; mais,
s'il est facile de repousser la conclusion d'une transition idéale de formes intermédiaires à un lien généalogique, il faudra deux fois plus de prudence avant de
conclure de la même manière à l'existence de transitions spécifiques ou génétiques entre des types de
race ou de classification, quand le recours à l'expérience fait défaut. Supposons même qu'à *priori* on
soit convaincu de la nécessité de degrés de transition
réels; la découverte de formes intermédiaires paléontologiques a toujours une certaine importance pour
combler les lacunes du système, mais elle ne prouve
en rien que la forme intermédiaire spéciale, qui vient
d'être trouvée, soit effectivement un terme de la série
génétique supposée. Les partisans réfléchis de la
théorie de la descendance n'envisageront jamais les
choses autrement; quant aux défenseurs acharnés du
darwinisme, ils soutiendront constamment que toute
constitution d'une série idéale de formes parentes
entre elles fournit, *eo ipso*, la preuve suffisante de la
réalité d'une évolution génétique conforme à cette

série. Contre une pareille prétention il ne semble pas inutile de maintenir la réserve déjà faite, quand même on ne voudrait nier en rien qu'à chaque forme intermédiaire nouvelle, qui entre en scène et vient combler une nouvelle lacune dans le système naturel, la probabilité de la théorie de la descendance en général s'accroît, en tant que (dans la supposition d'une autre preuve confirmative) les difficultés, les doutes engendrés par des transitions trop brusques se trouvent aplanis ou levés par la nouvelle découverte. C'est ce côté de la question que j'ai spécialement développé (*Ph. de l'Inconscient*).

Comme on sait, pour la théorie de la sélection, Darwin s'appuie sur le procédé de la sélection artificielle, dans laquelle le but poursuivi par l'homme joue un rôle prépondérant et directeur, et dont les résultats, par conséquent, peuvent être considérés, jusqu'à un certain point, comme des produits de l'industrie humaine. En partant de là, il ne sera pas inadmissible de rapprocher aussi par la comparaison, les produits de l'industrie humaine dans un sens plus général, et de les expliquer en eux-mêmes sous la même condition que dans le darwinisme, c'est-à-dire grâce à la faculté d'abstraction spécifique de notre intelligence, en ne les considérant que sous le rapport de leur nature. Cette façon d'envisager les choses servira à confirmer la courte digression qui précède sur les types minéraux. Si l'on dit, par exemple, que l'église gothique est née de l'église romane, que celle-ci est née de la basilique, laquelle serait née elle-même d'une espèce de marché romain, bien qu'entre tous ces types se trouvent des formes intermédiaires diverses, il ne viendra à l'idée de personne d'en conclure qu'un édifice déterminé sera devenu un édifice gothique par la transformation *effective* du plein cintre en ogive. Il s'agit bien pourtant de l'évolution génétique d'un type en un autre, mais seulement dans un sens *idéal*, et non de l'évolution d'édifices déjà réalisés; autrement dit, il y a bien genèse, non pas genèse *externe*, mais genèse *psychique* de l'imagination, de l'idéal artistique, qui, avec le temps, ont donné naissance aux divers types.

Cette genèse qui s'opère dans le temps, nous ne pouvons en aucune manière la transporter aux idées qui déterminent le *processus* de la nature; car, s'il en était de même dans cet ordre, il faudrait se représenter ces idées, non pas comme subissant une évolution dans le temps, mais comme en dehors du temps, comme éternelles, et les transitions des unes aux autres ne peuvent être que des formes intermédiaires dans un sens purement idéal. Tant qu'on considère le monde comme une œuvre « divine » (et au fond Darwin est resté engagé dans ce système du XVIIIᵉ siècle), l'analogie avec les œuvres humaines pèse d'un poids tout particulier. Mais même si l'on considère le processus d'évolution naturelle par l'esprit absolu comme la réalisation des idées immanentes à la nature, l'analogie ne perdra pas complétement son importance.

Elle ne la perdrait que si un concept cosmique purement mécanique avait banni de la nature toutes les idées. Si nous arrivons plus loin à constater l'insuffisance de ce système pour expliquer la formation des espèces, nous nous verrons bien forcés de revenir au système idéalistique. Mais l'analogie des œuvres de main d'homme vient toujours compléter d'une façon très-notable celle empruntée aux types du règne minéral ; elles nous montrent l'une qu'il est possible de concevoir un système naturel, une parenté *idéale* des types, sans un lien généalogique qui existe réellement dans la nature ; l'autre qu'il y a un domaine où la parenté des phénomènes réels résulte de la parenté idéale de leurs types. Si la première de ces comparaisons nous avertit que la parenté, réellement constatée dans la nature organique, peut être l'effet de l'identité de la souche généalogique commune, l'autre nous prouve que la parenté idéale des types peut parfaitement être la condition préalable, aussi bien de la parenté généalogique réelle des types, que de la ressemblance réelle des types sans lien généalogique. Nous apprenons au moins par là que la parenté idéale et la parenté génétique peuvent très-bien coexister, et qu'il est tout à fait téméraire de trouver, dans la démonstration de la seconde, une preuve de la non-existence de la première. La parenté généalogique se présente plutôt seulement comme un des modes employés pour la réalisation de types unis par une parenté idéale, pendant que le règne minéral nous offre un autre mode (seulement dans la loi d'évolution interne des formes cristallines types), et qu'en dehors de ces deux modes, il est peut-être possible d'en concevoir encore d'autres.

Ces considérations acquièrent encore plus de poids si nous nous souvenons que, même dans le domaine de la nature organique, il y a en réalité des relations de parenté entre des types, qui ne résultent point de la transition généalogique de l'un à l'autre. Dans un sens plus large, on pourrait aussi y rapporter les variétés déjà citées, bien que, dans l'hypothèse de la transmission, la difficulté consiste non dans la ressemblance, mais dans une différence qui, par des

transitions continues dans une simple évolution, joue
l'apparence d'une série génétique. Ce qu'il y a de
plus important et de plus probant, c'est, par exemple, le fait qu'entre des termes plus éloignés de la
série naturelle apparaissent des parentés idéales qu'il
serait impossible de ramener au système de transmission générale, parce qu'elles se sont manifestées dans deux types longtemps après que ceux-ci
s'étaient détachés de la souche commune. Darwin
distingue les ressemblances de ce genre qu'il appelle
parentés d'analogie, de la parenté *réelle* c'est-à-dire
généalogique, comme par exemple la ressemblance
des cétacés et des poissons, de la souris et de la musaraigne, du mode de formation du pollen dans les
orchidées et les asclépiades; il essaie en vain de les
expliquer en leur assignant comme cause suffisante
l'adaptation à des conditions d'existence semblables.

Parmi les singes, le gorille ressemble à l'homme
surtout par la forme du pied, l'orang-outang par le
cerveau, le chimpanzé par la structure générale du
corps; mais ce serait raisonner tout à fait au rebours
du sens commun, que de prétendre induire de l'une
de ces ressemblances la preuve que l'homme descend de l'une ou de l'autre de ces espèces de singes.
De cette répartition de la ressemblance humaine
entre différentes espèces de singes, il faut précisément conclure que le père commun des singes et
des hommes n'avait pas encore ces particularités, et
qu'elles se sont plutôt développées dans chaque type
d'une façon indépendante. On doit donc être très-circonspect avant d'inférer l'existence d'une parenté
généalogique en se fondant sur une ressemblance
spéciale, fût-elle typique, caractéristique. Ainsi Gegenbaur, bien que darwinien, repousse la prétention

de conclure, de la parenté idéale entre le carpe des oiseaux et celui des crocodiles, à la filiation réciproque de ces deux espèces animales; il ajoute à ce propos (Recherches sur l'anatomie comparée des vertébrés, fascic. I, p. 39, rem.) : On constate, en effet, aussi « entre les oiseaux et d'autres espèces de reptiles, des « rapports de parenté du même genre, sans qu'il soit « possible de décider, d'après ces rapports, s'il y a ou « non une parenté plus rapprochée. » On ne peut donc s'appuyer que sur des ressemblances particulièrement importantes; — mais où est la limite à laquelle une ressemblance est assez importante pour impliquer une filiation généalogique?

Rien d'étonnant, d'après cela, que les origines généalogiques, dans le darwinisme, soient incertaines, flottantes, suivant que le rapport généalogique s'appuie sur cette ressemblance caractéristique, suivant que celle-ci a été négligée ou prise à rebours. Mais il faut bien se dire que, même si l'on avait déterminé exactement la ressemblance réellement la plus importante, et si l'on avait fidèlement présenté la suite généalogique, il y aurait encore, dans tous les cas, une *foule de ressemblances typiques moins importantes*, reposant néanmoins sur une parenté idéale, et qui, dans cette filiation, ne trouveraient point leur expression, précisément parce que cette filiation ne tiendrait compte que des rapports généalogiques réels. En d'autres termes : d'après sa nature même, la filiation généalogique ne peut épuiser les rapports d'affinité idéale du système naturel, parce que ces derniers sont beaucoup plus *nombreux, plus complexes* que ceux de la parenté généalogique nécessairement restreinte à des liens simples, *linéaires* en quelque sorte. On peut dire encore que la construction graphique d'un arbre généalogique simple ne peut servir en aucune manière à figurer le système de la nature, parce qu'elle ne peut rendre la parenté *annulaire* et la parenté *réticulaire*.

La parenté annulaire consiste en ce que, dans une série de types, il existe un caractère commun au premier et au second, au second et au troisième, etc., et enfin entre le premier et le dernier [1].

En pareil cas, il peut être très-difficile de déterminer la manière dont la filiation généalogique s'accorde avec le système naturel, et dans cette détermination des erreurs, même considérables, sont très-excusables et peuvent à peine être évitées. Mais la chose devient encore plus difficile pour la parenté réticulaire, où la parenté annulaire se complique par l'addition de ressemblances nouvelles venant s'intercaler entre les anneaux isolés de la chaîne. Dans l'appendice n° 5 M. Wigand expose tout au long la série des formes du limaçon actuel *Neritina virginea,* et, p. 412, représente graphiquement, comme un résultat, la parenté réticulaire des 14 types principaux (comp. p. 411). Que ces types doivent être considérés comme des variétés, ainsi que l'admet M. Wigand, ou bien que, suivant d'autres auteurs, ils forment plusieurs espèces, c'est tout à fait indifférent pour les partisans de la variabilité des espèces. En tout cas il est clairement démontré par cet exemple, qu'une collection de types présente des rapports de parenté beaucoup plus compliqués

---

1. Wigand cite comme exemples, p. 261 : les genres *Arabis, Alyssum, Sisymbrium, Lepidium,* les ordres *Charophyllinæ, Cheno podinæ, Fagopyrinæ, Urticinæ,* les familles *Primulacuæ, Plumbaginæ, Plantaginæ,* et enfin, en se réclamant de Darwin, les variétés des crustacés.

que n'en comporte l'explication des ressemblances typiques par la filiation généalogique ; car chaque type se rattache non-seulement à un seul mais à plusieurs autres, et non-seulement par un seul caractère, mais par deux ou plusieurs. A ces rapports correspond, non pas le lien unilatéral en quelque sorte d'une filiation généalogique, mais un système de liens entrecroisés comme le réseau d'une feuille, ou, mieux encore une représentation graphique appelant à son aide la troisième dimension de l'espace. Le système naturel ressemble notamment en quelques-unes de ses parties à une table à double ou triple entrée ; suivant qu'on la suit dans un sens ou dans l'autre les types se groupent d'une façon toute différente [1].

Toute la différence de la classification suivant un système naturel ou artificiel repose seulement sur la multiplicité des affinités idéales, et ne met cependant en évidence qu'une faible partie de ces nombreuses affinités.

L'origine généalogique ne peut être cherchée que dans l'*une* de ces nombreuses séries d'affinités ; il s'ensuit que toutes les autres séries doivent être le résultat d'un procédé naturel *autre* que celui de la descendance ; en d'autres termes, les ressemblances considérées doivent s'être développées spontanément sur les différents rameaux de l'arbre généalo-

---

1. Les solanées, les scrofularinées, les labiées et les boraginées, par la forme de la corolle se placent dans les *tubifloræ* et les *labratifloræ*; par la structure de la graine dans les *Angiospermæ* et les *Gymnospermæ* (Linné); les familles voisines, les *verbenacées*, les *convolvulacées*, les *acanthacées*, etc., se groupent suivant le caractère distinctif adopté tantôt dans l'une tantôt dans l'autre de ces quatre familles. Il en est de même des champignons.

gique. Mais partout le résultat de la parenté systématique idéale se présente comme *qualitativement* égal
à celui de la descendance généalogique ; il en résulte
que, même dans les types de la nature organique, la
parenté n'implique en aucune manière dans le passé
un lien généalogique, qu'il s'agisse de la filiation
directe de deux types, ou de l'origine commune de
deux types présentant déjà un caractère commun. Si
la théorie de la sélection pouvait rendre compte des
caractères *morphologiques* des types, dont il s'agit
essentiellement ici, on pourrait espérer combler par
son secours les lacunes que présente l'explication de
la parenté systématique au moyen de la théorie de la
descendance ; mais, comme il n'en est pas ainsi, nous
le verrons bientôt, il faut revenir à la *loi d'évolution
interne* de la vie organique, en vertu de laquelle les
types idéaux se réalisent avec tous les rapports d'affinité qui leur sont inhérents. Mais alors la descendance généalogique elle-même rentre dans cette loi
d'évolution organique, et lui sert comme un véhicule
du processus naturel pour la réalisation des idées, à
côté duquel il y a encore d'autres procédés, d'autres
voies.

Le mot *descendance* n'est point un « shiboleth »
qui ait la vertu de manifester l'évolution interne, et
d'expliquer suffisamment tous les mystères de la parenté systématique comme des résultats externes
du lien génétique et de l'hérédité. On pouvait se
refuser à reconnaître les analogies entre les créations de la nature inorganique et les œuvres de
main d'homme, tant que l'explication de toutes les
ressemblances des types organiques au moyen de la
descendance se justifiait par les résultats obtenus ;
mais aujourd'hui que l'insuffisance de ce principe

d'explication nous apparaît pour la nature organique elle-même, il faut renoncer définitivement à conclure de la parenté idéale à la parenté généalogique. Quelque séduisante que cette conclusion puisse paraître, elle repose sur des bases logiquement insoutenables [1], et bien que la descendance ne puisse être considérée, et ne puisse être justifiée à titre d'hypothèse, que comme un procédé, entre bien d'autres, pour réaliser les idées, les raisons à l'appui doivent être déduites d'une tout autre manière [2] que de la preuve des parentés systématiques et de leurs rapports avec les parentés généalogiques et embryogéniques.

J'ai résumé brièvement dans la *Philosophie de l'inconscient* les vraies raisons qui font de la théorie de la descendance une hypothèse absolument inattaquable. Elles se réduisent aux simples conséquences de deux propositions indestructibles : *omne vivum ex ovo ; omne ovum ex ovario.* En d'autres termes, les partisans mêmes de la formation directe des es-

1. La proposition vraie « la même origine implique la ressemblance » devient fausse si on la retourne et si on dit : la ressemblance implique une même origine (Wigand, *Généalogie des cellules primitives*, Brunswick, p. 47).

2. On remarquera ici, par parenthèse, que, de la parenté généalogique des langues issues d'une souche commune, on ne peut nullement conclure, par analogie, à la parenté généalogique des espèces-types ; car la langue (comme le chant des oiseaux) ne représente qu'un côté de l'instinct typique de l'âme des peuples ; mais les peuples, entre les langues desquels on trouve une parenté, appartiennent toujours à un rameau d'une même variété, jamais à des espèces distinctes. S'il y avait une conclusion analogique à tirer de l'évolution généalogique des langues à celle des espèces types, elle serait plutôt : que dans la formation des différentes espèces il n'y *a pas plus* de filiation généalogique que dans celle des langues mères. Bien entendu, ce raisonnement par analogie ne prouve rien ; mais cela suffit à montrer qu'il ne prouverait pas davantage si on venait à l'invoquer en faveur des hypothèses contraires.

pèces par un acte particulier de création spéciale, ne peuvent faire rentrer cet acte dans le système général de la nature, qu'en supposant la création d'un œuf de l'espèce considérée dans l'ovaire d'une autre espèce (probablement proche parente de l'autre). Tant qu'on n'avait pas des idées plus approfondies sur la manière dont Dieu avait créé les différentes espèces dans les différentes périodes géologiques, on pouvait s'en tenir à l'expression d e « création directe » ; nous autres, enfants des temps modernes, nous ne sommes pas libres de repousser ou d'admettre la théorie de la descendance ; nous devons l'accepter parce que nous ne pouvons plus faire consister le mystère de la création dans la conception grossière d'autrefois, l'argile pétrie, le souffle divin, etc.

Dans le *processus* de la nature, les espèces nouvelles, aussi loin qu'elles se rattachent aux premières origines de l'organisation primitive, doivent avoir été engendrées par des ancêtres qui cependant devaient différer d'elles (n'importe à quel degré). Si chaque type d'organisation devait, par une nécessité inéluctable, descendre d'un type antérieur, il devenait à peu près suffisant que le moyen une fois employé apparut comme le véhicule ordinaire de la réalisation de la parenté idéale des types naturels, sans pouvoir épuiser complétement la solution du problème. La parenté idéale a besoin d'autres moyens, d'autres procédés de réalisation que la parenté généalogique ; celle-ci n'exclut point celle-là, comme le pensent les darwiniens, en prenant sa place, mais elle en découle, comme l'espèce découle du genre.

CHAPITRE III

THÉORIE DE LA GÉNÉRATION HÉTÉROGÈNE ET DU TRANSFORMISME.

En laissant de côté les autres parties de la parenté idéale dans le système naturel, nous nous sommes renfermés dans l'examen de la théorie de la descendance; nous devons faire de nouveau remarquer que cette théorie est plus compréhensive que le darwinisme. Le darwinisme, en effet, est une théorie spéciale de transformisme, c'est-à-dire que, suivant lui, une espèce naît d'une autre par une transformation graduelle du type, par une sommation de variations *minimales*. La théorie de la descendance n'exclut pas ce point de vue, mais elle ne l'implique pas, et, à côté du transformisme, elle admet d'autres hypothèses sur le mode de filiation de deux types. Le transformisme n'est pas la conjecture la plus naturelle; car l'expérience directe ne montre aucun cas de transformation effective et incontestable d'une espèce dans une autre; au premier abord

elle ramène au vieux dogme de la constance des espèces, lequel ne peut être ébranlé que par la comparaison analytique de la différence variable entre espèces parvenues à un degré différent de maturité. L'hypothèse la plus probable est plutôt que le premier œuf
de l'espèce nouvelle doive prendre naissance dans
l'ovaire d'une espèce parente, par la modification des
circonstances embryogéniques dans le stade primitif
de l'évolution. Ce mode de formation, dans lequel les
parents d'une espèce produisent un jeune d'une nouvelle espèce, est désigné par Kölliker sous le nom de
« génération hétérogène [1]. » Il s'agit aussi dans ce cas
d'une transformation ou d'une transmutation, mais
elle se ferait en une fois, au lieu d'être la résultante
d'un grand nombre de modifications infinitésimales; en
outre, cette transformation subite ne se réaliserait pas
dans l'individu complet; ce serait une métamorphose
du germe qui conduirait à la création d'une nouvelle
espèce. Sous cette forme d'un changement de type
par voie de métamorphose du germe, la théorie de la
descendance avait été développée en Allemagne avant
Darwin et Kölliker par Henri Baumgartner [2].

Sans doute, cet concept ôte tout intérêt à l'hypothèse qui explique les phénomènes embryonnaires,
dans la formation d'espèces nouvelles, par l'action

---

1. Voir Kölliker, *Uber die Darwin'sche Schoepfungstheorie*,
Leipzig, 1864, et *Morphologie* et *Entwickelungsgescohischte des Pen-
natuliden stammes nebst allgemein Betrachtungen zur descendenz
Lehre.* Francfort, 1872.

2. Les ouvrages de Baumgartner sont : *Uber die Nerven und das
Blut*, 1830; *Lehrbuch der Physiologie*, 1853 ; *Blicke in das All*, 1870;
Natur und Gott (Leipzig, Brockhaus), 1870; ce dernier ouvrage est
particulièrement remarquable du troisième au sixième chapitre; le
reste s'égare dans les voies du dilettantisme.

purement mécanique de causes extérieures fortuites ; il ramène invariablement à l'idée d'une évolution interne, conforme à un plan et pourtant exceptionnelle. C'est même là précisément peut-être ce qui, dans cette forme de la théorie de la descendance, a le plus effrayé les savants attachés aux concepts mécaniques, et ce qui a fait admettre la forme définitive de la théorie du transformisme expliquée plus haut, dans laquelle la loi d'évolution interne se manifeste par une division du processus de transformation en un grand nombre de petites périodes minimales, mais aussi peut être éliminée comme purement apparente. D'un autre côté, ceux qui comprennent l'importance relative d'une loi d'évolution interne, devant la prétention erronée des darwiniens à remplacer la loi d'évolution par le transformisme, se laissent aller à une certaine irritation peu fondée contre cette théorie qui, pourtant, entre les limites où elle peut s'appliquer, en tant que le transformisme apparaît comme un procédé externe pour réaliser la modification idéale du type, est une des formes de la loi générale d'évolution et concourt à la réaliser.

Si chaque type spécifique renferme un nombre plus ou moins grand de variétés, des variétés déterminées de deux espèces aussi rapprochées que possible doivent elles-mêmes être beaucoup plus voisines que toutes les autres, et les partisans même les plus déterminés de la constance des espèces doivent admettre (Wigand, p. 18) qu'il y en a dont les variétés se touchent ou à peu près. Quoi qu'il en soit, les variétés les plus voisines de deux espèces offrent la transition la meilleure pour la métamorphose du germe, et dans le cas du contact des deux cycles de formes, la génération hétérogène devient elle-même un simple terme dans la série des transformations graduelles, terme qui relie les variétés centrales des deux formes [1].

On le voit, la génération hétérogène et le transformisme ne sont nullement des idées qui s'excluent; leur différence est plutôt simplement une différence de degré. Car, si insensible qu'on suppose la transformation, les plus petites périodes dans lesquelles on peut la partager restent toujours finies, et ne sont jamais infiniment petites dans le sens mathématique; or, chacun des états intermédiaires correspondant à ces périodes est à lui seul, *stricto sensu*, un *saut* de la nature, et la question est seulement de savoir si ce saut est plus ou moins grand. S'il dépasse une certaine limite, on lui donne le nom de génération hétérogène, mais personne ne voudra déterminer cette limite. La chercher au moment où le type de l'espèce se transforme, ce serait oublier que dans les

---

1. On ne peut pourtant pas éviter de reconnaître que, en dehors du type existant actuellement, les prédispositions latentes doivent produire une transformation dans la métamorphose du germe; en particulier entre la tendance de la variété-limite à revenir à l'ancienne forme et la tendance à passer à une forme nouvelle, il y a une transition qui doit se faire. Les partisans de la constance des espèces pourraient ici chercher à établir la prétention que la génération hétérogène présente en ce point un caractère spécifiquement différent du transformisme; on ne peut nier pourtant que le phénomène latent de la transformation des tendances à varier ou à revenir en arrière, se partage, comme la métamorphose visible, en une somme de variations infinitésimales, et se répartisse sur une série de générations. Ce n'est que s'il apparaît un nouvel organe, ou des rapports numériques différents entre les termes morphologiques, qu'il est impossible de se refuser à admettre, comme nous le verrons bientôt, une métamorphose embryonnaire; elle représente, pour ainsi dire, le saut fait par la cellule qui pour la première fois contient le germe du nouvel organe ou du nouveau terme, et d'après sa nature, on ne peut plus la concevoir fractionnée en plusieurs parties.

espèces dont les formes sont voisines, ou mieux qui se changent les unes dans les autres, la variation doit être beaucoup plus faible qu'elle ne se présente à nos yeux dans l'apparition subite de variétés nouvelles.

D'un autre côté, il faudra se garder, toutes les fois qu'il s'agit de la filiation de deux espèces dont les formes présentent entre elles des lacunes considérables, de se tirer d'embarras en supposant, comme termes intermédiaires, des variétés antérieures disparues. Nous ne pouvons savoir en effet de combien la nature peut sauter dans la génération hétérogène, et il serait tout à fait téméraire de vouloir déterminer les limites de la portée externe des métamorphoses embryonnaires, sans avoir tous les faits pouvant servir à cette détermination. La génération hétérogène et le transformisme sont placés à côté l'un de l'autre dans la série des procédés de l'évolution organique, et il serait également inadmissible de vouloir exclure complétement avec Darwin, la première au profit de la seconde, ou, avec Wigand, la seconde au profit de la première. Ces deux hypothèses se meuvent dans une région où le contrôle de l'expérience fait complétement défaut, et où l'on doit être trop heureux de voir, dans une possibilité qui s'ouvre, un moyen de lever plus ou moins les difficultés accumulées.

Dans le précédent chapitre, nous avons blâmé la précipitation avec laquelle le darwinisme conclut de la parenté idéale à la parenté généalogique des espèces ; nous avons à signaler comme une seconde erreur de Darwin, égale à la première, de prendre chaque filiation généalogique probable pour une preuve nouvelle à l'appui de la théorie du transformisme. Par une raison analogue à celle qui nous a fait étudier précédemment les faits qui militent pour la parenté idéale contre la parenté généalogique, il paraît ici opportun d'examiner, en opposition à cette seconde erreur du darwinisme, les faits d'expérience qui paraissent plaider dans beaucoup de cas contre le transformisme en faveur de la génération hétérogène.

D'abord, on s'appuie généralement sur les phénomènes de génération alternante et de dimorphisme pour constater, par ces exemples, que la production dans la nature d'un type absolument différent de ses parents directs n'est nullement un fait exceptionnel. Seulement ces deux comparaisons clochent en ce sens que, dans les exemples précédents, les produits ne se distinguent des producteurs que par l'*habitus* externe, tandis qu'ils conservent en eux la faculté interne de reproduire le type de leurs auteurs. A ce point de vue, chacun des deux phénomènes apparaît comme un procédé analogue aux métamorphoses des insectes et des amphibies, avec cette différence que les phrases de l'évolution du type général de l'espèce, concentrées dans la métamorphose sur un seul individu, sont réparties, pour le dimorphisme, dans l'espace, et pour la génération alternante, dans le temps, entre différents individus. Pour la formation d'une espèce nouvelle, ces phénomènes pourraient y conduire si, à la modification externe du type, se joignait une modification interne de la tendance à la reproduction, c'est-à-dire si le papillon pondait jamais des œufs dont il sortirait, non des chenilles, mais des papillons ; si l'un des deux types dimorphes d'une espèce, ou tous les deux, cessait de reproduire les deux types alternés et n'en reproduisait plus qu'un seul ; si enfin deux ou plusieurs types d'une génération alternante cessaient d'alterner et se perpétuaient chacun dans sa forme particulière.

Il n'est nullement impossible que des phénomènes de cette nature aient présidé à la formation d'espèces nouvelles ; c'est même peut-être par des procédés du même genre, préférablement à d'autres, que le passage a pu se faire des ordres inférieurs aux ordres supérieurs des animaux (par exemple des vers aux insectes, des poissons aux amphibies), et le darwinisme lui-même, s'appuyant sur la métamorphose exceptionnelle de l'axolotl en un animal semblable à la salamandre, ou sur l'éclosion de grenouilles parfaites sortant d'œufs de grenouilles trouvés dans des îles océaniques dépourvues d'eau douce, penche vers des hypothèses analogues, non encore démontrées pourtant. Si elles venaient à l'être, ces phénomènes seraient très-décisifs contre le transformisme et en faveur de la génération hétérogène.

On aurait devant soi, dans tous ces cas, une division particulière qualitative de la génération hétérogène en deux métamorphoses embryonnaires distinctes, séparées peut-être l'une de l'autre par un très-long intervalle detemps, dont l'une correspondrait à la transformation du type sous le rapport de l'apparence externe, l'autre à la modification des propriétés de la reproduction. Cette dernière, d'après sa nature, ne peut être qu'un changement tout-à-fait brusque et définitif une fois opéré ; elle exclut donc toute transformation graduelle. La première peut se produire, dans certaines circonstances, notamment pour le dimorphisme, aussi bien par la transformation graduelle ; dans la plupart des cas (pour la métamorphose et la génération alternante toujours et pour le dimorphisme manifeste généralement) au contraire, on ne peut la concevoir que comme une formation *subite* du nouveau type émergeant de l'ancien, préalablement préparé d'une

manière quelconque. En particulier, cette dernière
hypothèse paraît la seule admissible dans tous les cas
où les deux types ne se distinguent pas seulement
par une coloration différente, ou par l'apparence
externe d'une structure restée morphologiquement
la même (c'est ce qui arrive surtout pour le dimorphisme), mais où le type nouveau est le type morphologique d'un ordre plus élevé, qui passe d'un degré
inférieur d'organisation à un degré supérieur.

Quant à la jeune science de l'embryogénie comparée, qui laisse, il est vrai, assez souvent sans réponse
nos questions les plus pressantes, mais qui, quand
elle parle, peut être considérée comme le guide le
plus sûr, par le labyrinthe de la descendance, et l'ar-
bitre le plus autorisé pour décider de l'alternative
parenté idéale ou généalogique, elle nous laisse, par
la force des choses, complétement incertains quand
il s'agit de choisir entre les deux termes de cette
autre alternative : transformisme ou génération hétérogène. Car, quelle que puisse être la succession des
ancêtres directs de l'embryon considéré, c'est en tout
cas une évolution phylogénique, dans l'évolution onto-
génique, beaucoup trop en petit pour fournir quelque
lumière sur le mode de passage d'un terme à l'autre.
Ce n'est qu'en ce qui touche les modifications morphologiques du type, que l'embryologie apporte des
données très-précieuses, en nous montrant que tous
les organes importants se forment dès les premiers
temps de la vie individuelle par la segmentation des
cellules ; le fait a été établi surtout par Baumgartner
(cf. Natur und Gott, chap. IV) contre la théorie du
transformisme en faveur de la métamorphose du
germe. Car, si haut que nous remontions dans la série
des ancêtres, elle nous montre toujours un organe

morphologique distinct naissant de la segmentation de cellules primitives dans l'embryon, jamais un organe acquis ultérieurement par un animal complet, ayant sa vie propre. Mais cette dernière hypothèse demande à la théorie du transformisme un temps d'arrêt dans les métamorphoses morphologiques ; l'autre, au contraire, présente toujours la première apparition dans l'embryon de la cellule-mère du nouvel organe chez une espèce qui n'en est pas encore munie, comme un fait nouveau, brusque, correspondant à un *moment* déterminé de l'évolution sériaire phylogénique, et par l'avénement duquel la modification morphologique du type, sa forme, est amenée au degré de maturité qu'elle comporte. L'embryogénie ne fournit donc aucun secours à la théorie du transformisme ; elle vient plutôt à l'appui de la génération hétérogène d'après les lois de l'évolution interne.

Il en est de même de la paléontologie, bien que, précisément sur ce terrain, la théorie du transformisme, grâce à la découverte de nombreuses formes intermédiaires, croie pouvoir célébrer ses plus grands triomphes. Il tombe, cependant, sous le sens qu'on ne peut mettre à l'actif du transformisme que les formes intermédiaires qui, d'abord, sont séparées des deux formes immédiatement voisines par des intervalles infiniment petits, et qui, en second lieu, constituent la transition effectivement généalogique (non pas seulement systématique) de l'une à l'autre ; ces deux conditions doivent coïncider pour donner au fait en question force de preuve. Le darwinisme cependant, loin d'étayer sur ces hypothèses les matériaux accumulés pour démontrer le transformation, prend au contraire toutes les formes intermédiaires et les séries de transition pour des preuves à l'appui de cette théorie.

Un examen plus approfondi nous montre pourtant que, quand l'une des deux hypothèses est probable, l'autre ne l'est pas et réciproquement. Quand il s'agit de combler de grandes lacunes béantes dans le système naturel, quand aussi les races paléontologiques découvertes jouent non-seulement le rôle d'espèces, mais même de variétés et de familles manquantes, on peut souvent admettre avec quelque vraisemblance que le type retrouvé est effectivement un point de passage généalogique entre les deux types, l'un supérieur, l'autre inférieur, si éloignés, qu'on avait auparavant. Mais c'est précisément qu'en raison de la rareté relative des cas où il est possible de combler les lacunes systématiques, on peut dire que l'évolution phylogénétique, avec le concours de la génération hétérogène, a fait des sauts considérables entre les espèces qu'on doit peut-être intercaler encore dans les intervalles des types découverts.

Car, si l'on voulait supposer les grandes lacunes comblées par les procédés du transformisme, cette hypothèse particulière exigerait, suivant Darwin, un temps si colossalement long et, par suite, un nombre si prodigieux d'individus intercalés, que la rareté extraordinaire des échantillons paléontologiques de ces générations innombrables, par rapport à la richesse d'autres régions de la flore et de la faune antérieures, serait d'une explication difficile. Si, au contraire, on admet que le temps de la métamorphose soit relativement petit par rapport aux périodes sans changements (*Phil. de l'Inc.*, chap. X, conclusion), on s'explique ainsi la rareté des formes paléontologiques intermédiaires ; on laisse la porte ouverte à l'espoir d'en découvrir d'autres, mais on repousse, d'une façon décisive, la supposition que des lacunes aussi grandes puissent être jamais comblées par une série continue de transitions insensibles.

Par contre, quand l'autre hypothèse, la continuité dans la série des formes, est remplie, il manque précisément la preuve indispensable que la série de transformations continues est effectivement généalogique et non pas seulement systématique (voir le chapitre précédent). L'hypothèse d'une transition généalogique réelle ne prendrait une probabilité (je ne dis pas une certitude) suffisante que dans un cas : c'est si, dans un profil géologique, les couches horizontales étaient remplies de types sensiblement analogues, et si, verticalement, ces types de chaque couche horizontale, formaient une série continue, se modifiant suivant une direction soit invariable, soit bifurquée, sans cependant revenir par une courbe à son point de départ.

En fait, il n'existe pas d'exemples analogues, et quand on considère avec soin ceux mêmes qu'on cite le plus triomphalement à l'appui du transformisme, ils parlent contre lui pour la génération hétérogène dès qu'il s'agit pour une espèce de sortir du cycle des variétés, et de se transformer en une autre espèce. Il en est ainsi, par exemple, du limaçon d'eau douce, *Planorbis multiformis*, dans le calcaire (Voir *Phil. de l'Inc.*, p. 594), dont le cycle des formes, compris entre deux limites extrêmes fort éloignées, présente dans toutes les directions une série de transformations systématiques, avec une exception précisément pour les formes qui, comme le *denudatus* ou le *trichiformis*, pourraient passer pour le type d'une nouvelle espèce ou d'un nouveau genre, et qui plaident subitement la cause de la génération hétérogène. En ce qui touche les formes reliées entre elles par des séries de transition, il se présente dans celles qui sont contemporaines, c'est-à-dire situées dans les mêmes couches horizontales, des échantillons qui diffèrent entre eux au moins autant que ceux de la plus ancienne et de la plus nouvelle couche. En sorte que, en somme, le profil géologique montre une espèce dont le développement dans tous les sens présente des ressauts, en avant, en arrière, et finalement affecte la forme circulaire, mais ne favorise en rien l'hypothèse de la transformation graduelle d'une espèce dans une autre [1].

Puisque l'embryologie et la paléontologie semblent déposer plutôt contre que pour la théorie du transformisme, celle-ci doit s'attacher à chercher ses preuves dans les documents empiriques fournis par la flore et la faune *actuelles*. Ce serait une solution bien étrange, pour une théorie *scientifique*, que d'appuyer la démonstration théorique de la descendance de l'organisation complète au moyen du transformisme sur la seule analogie des cas empiriques, encore fort rares, où l'on peut constater le passage d'une espèce à une autre. Mais le Darwinisme est obligé d'avouer qu'il n'en est même pas encore là, et qu'il se borne toujours à nous demander de prendre des transitions systématiques pour des transitions génétiques. Même dans la sélection artificielle, on n'est pas encore parvenu à obtenir un pigeon qui n'eût conservé très-nettement, avec toutes les monstruosités extérieures possibles, le caractère distinctif

---

1. Voir une critique topique de M. Wigandt (n° 14 de l'appendice) sur la monographie d'Hilgendorf. Les résultats de M. Wigandt sont pleinement confirmés par des recherches qu'il paraît avoir ignorées sur les couches paléontologiques, par Sandberger (*Verhand. der physik. méd. Ges. zù Wursburg*, N. F. Bd V, p. 231,) qui s'appuie sur les travaux de Hyatt de Boston, de Leydig et de Weissmann.

de l'espèce des pigeons. Plus il y a de différence entre
les moyens à la disposition de l'éleveur pour arriver
à son but et ceux employés par la nature, moins serait
décisif un résultat de la sélection artificielle contraire
aux lois ordinaires pour décider sur les procédés de
la formation naturelle des espèces. Il n'en est que
plus frappant de constater, même ici, un résultat contraire à la théorie du transformisme. Puisque toute
observation *directe* sur le mode de formation d'une
espèce nouvelle nous fait défaut, il ne nous reste plus
qu'à asseoir les analogies dont nous avons besoin sur
le mode de formation des variétés qui paraissent le
mieux, par leurs différences avec le type primitif éle-
vées graduellement à la plus haute puissance, conduire à une nouvelle espèce.

Les variétés se répartissent en trois classes :

1° Dans la première, figurent celles qui se réduisent
à des changements dans la coloration, le pelage, la
texture charnue, l'épaississement du tissu cellulaire,
l'altération de substances chimiques spéciales, etc.,
elles peuvent s'être produites en partie dans la vie
individuelle par la modification du milieu ambiant,
mais, même dans le cas où elles se produisent par
une génération en apparence spontanée, elles ne peuvent servir de base à des différences systématiques;

2° Dans la seconde sont les monstruosités ;

3° Dans la troisième les variétés morphologiques
(Wigandt, p. 48 à 52).

Parmi les monstruosités il faut distinguer celles qui
reposent sur une métamorphose régressive, de celles
qui ne sont pas dans le même cas. Les premières,
qui appartiennent surtout aux espèces domestiquées,
présentent d'ordinaire un accroissement des fonctions
végétatives au détriment des fonctions sexuelles et,

en même temps, une dépression à un degré inférieur
morphologique et physiologique de l'organisation ;
elles doivent par conséquent être écartées pour la recherche des voies et moyens par lesquels l'organisation peut s'élever à un degré supérieur. Nous sommes
donc ramenés aux monstruosités sans métamorphose
régressive et aux variétés morphologiques ; à notre
point de vue les deux choses se complètent dans un
certain sens. La variété morphologique nous fournit
en effet un type complet, harmonique, sans aucun
caractère qui jure par un seul côté avec l'unité de
l'ensemble ; mais aussi le degré de déviation du
type de la forme primitive est à peine assez mar-
qué pour qu'on puisse y voir une interruption du
caractère spécifique. Dans la monstruosité, au contraire, cette rupture du caractère spécifique existe,
mais seulement dans la direction unilatérale d'un
organe déterminé. Cette déviation s'écarte souvent
tellement de la série des formes de l'espèce, qu'elle
apparaît morphologiquement comme équivalente au
type d'un autre genre ou d'une autre famille ; cependant ce phénomène ne nous conduit pas à un type
nouveau déterminé en soi, parce qu'il aurait exigé
toute une série de transformations corrélatives allant
de proche en proche.

On peut donc concevoir la formation des espèces en
supposant ou des monstruosités de ce genre se conservant et, peu à peu, avec le temps, déterminant la
modification correspondante des autres caractères ;
ou des variétés morphologiques variant dans un même
sens, suivant lequel elles s'éloignent de la forme primitive, par des modificatious plus étendues ; ou enfin
les deux processus agissant ensemble et obtenant d'un
seul coup, par la variété morphologique, la définition

typique de la transformation, par la monstruosité l'étendue de la déviation. Mais, quelque hypothèse que l'on fasse, on a toujours affaire à des modifications en sens inverse. Car toutes les variétés qui ne se produisent pas par l'influence du milieu extérieur sur l'individu formé, mais par la variation spontanée dans la génération, arrivent sous nos yeux d'un seul coup; il est tout particulièrement frappant de voir la soudaineté avec laquelle les monstruosités, « et non pas seulement celles obtenues artificiellement, mais plutôt celles qui surgissent dans la libre nature, indépendamment de toute influence extérieure, se produisent spontanément, arrivent toutes formées, immédiates comme une nouveauté dans l'être » (Wigand, p. 50).

C'est sur ce phénomène qu'Hofmeister fonde ses théories de la formation des nouvelles espèces (Manuel de physiologie botanique). On peut considérer la monstruosité comme une génération hétérogène partielle. Si on part, non des monstruosités, mais des variétés morphologiques, le mode de génération hétérogène change, mais les stades restent encore assez éloignés pour ne pas s'adapter facilement à la théorie du transformisme qui exige des variations infiniment petites. Si une espèce arrive au bout d'un long temps à remplir par degrés infiniment petits le cycle de ses formes, l'expérience montre que les stades particulièrement nets, qui apportent quelque chose de décidément nouveau sous le rapport morphologique, se produisent dans l'espèce par brusques soubresauts, et nous pouvons d'autant moins nier que, dans la plupart des cas de passage d'une espèce à une autre, un soubresaut de ce genre par-dessus un intervalle plus ou moins grand ne soit d'abord nécessaire.

En résumant ce qui précède, il résulte que nous

nous voyons pressés, de beaucoup de côtés, d'admettre que l'intervalle entre deux types reliés par la descendance doit être franchi brusquement; mais cet intervalle peut être franchi en une seule fois ou en plusieurs. Cette subdivision peut affecter des formes tout-à-fait différentes (métamorphoses des animaux, générations alternantes, dimorphisme, monstruosités, variétés morphologiques); seulement toutes les fois qu'il s'agit, même de la plus petite variation entre deux variétés du même groupe, dès qu'il y a variété morphologique caractérisée par un accroissement dans les organes, par une augmentation ou une diminution des rapports numériques des éléments, on ne peut imaginer autre chose qu'une métamorphose du germe, introduisant la modification typique par une segmentation morphologique différente des cellules dans l'embryon.

En ce qui concerne le transformisme, son rôle n'est pas amoindri par ce qui précède, en tant qu'il se limite à contribuer à l'expansion des types spécifiques dans le cycle de formes variables qui leur est propre, et, par la création d'une base plus étendue, à la diminution, la réduction au minimum de l'intervalle que la génération hétérogène doit franchir. Par contre, il serait impossible d'appuyer par une preuve la prétention qu'une espèce quelconque soit réellement issue 'par simple transformisme d'une forme primitive. Dans l'état des choses, on ne peut soutenir qu'il soit impossible que la nature ait eu recours dans tous les cas à la génération hétérogène. Soutenir la possibilité de la naissance des espèces par simple transformisme, serait inadmissible si la vieille école scientifique avait raison dans ses idées sur la constance des espèces. Or je crois que c'est dans l'élasticité des limites des espèces, jusqu'ici considérées comme fixes et invariables, et dans la preuve que la constance des espèces (y compris l'espèce humaine) a une signification simplement relative entre certaines limites empiriques, qu'il faut voir le plus important service rendu par Darwin, celui qui donnera peut-être la valeur la plus durable à ses travaux. Aussi, dans l'intérêt de l'action exercée par le livre de M. Wigand, est-il à regretter qu'il ait engagé sur ce point une polémique sans objet suivant moi, et qu'il ait ainsi présenté aux darwiniens un endroit faible qu'ils résisteront difficilement à la tentation d'attaquer. Comme d'ailleurs le transformisme, supposé étendu au-delà du cycle des formes spécifiques, s'accorde avec la théorie de la descendance en ce qui concerne la variabilité, la plasticité des espèces, nous ne pouvons pas ne pas consacrer une courte digression à ce point controversé.

Que l'idée d'espèce, aussi bien que toute autre idée abstraite, ne soit point une pure fiction, mais se fonde sur l'essence des individus, c'est ce qu'il faut admettre sans hésiter; seulement il en est de même des idées de genre, de famille, et, d'autre part, de celles de variété. On ne niera pas que toutes ces synthèses de caractères communs ne soient fondées sur la nature concrète des individus; on contestera seulement l'existence de limites fixées d'une manière invariable entre ces déterminations systématiques. Si, dans un certain domaine du système naturel, on fait une classification d'après les caractères, et si on ordonne les objets en une série de groupes dont chaque terme supérieur embrasse un certain nombre de termes inférieurs, il arrive toujours, à moins qu'une convention établie depuis longtemps ne s'y oppose, qu'on dépasse la pensée subjective qui avait présidé à la formation du groupe.

L'extraordinaire diversité des opinions des savants sur la classification en espèces des différentes régions du système naturel prouve, mieux que tout, combien il est difficile de trouver des raisons objectives pour justifier les désignations conventionnelles [1].

Mais si on veut essayer de repousser cette signification indécise de l'idée d'espèce comme insuffisamment justifiée, on doit naturellement s'occuper avant tout de découvrir un critérium absolu de cette notion. M. Wigand cherche à y arriver par l'idée de *croisement*. Il convient qu'il y a des espèces différentes qui donnent des produits féconds, mais il conteste que ce métissage soit parfaitement fécond et durable ; il prétend trouver là un caractère distinctif, quoique négatif, de l'idée d'espèce ; suivant lui, en d'autres termes, si deux formes ne se croisent pas d'une façon complétement durable et féconde, ce fait prouve que ce ne sont pas deux simples variétés mais deux espèces différentes (p. 31). M. Wigand définit ainsi les caractères du croisement parfaitement fécond : fécondation certaine et facile, fécondité complète et

1. M. Hæckel en donne un exemple frappant dans sa monographie du champignon calcaire. Hæckel arrive au résultat suivant. Le *système naturel* pourrait, par exemple, se plier aux hypothèses suivantes : A. 1 genre avec 1 espèce ; B. 1 genre avec 3 espèces ; C. 3 genres avec 21 espèces ; D. 21 genres avec 111 espèces ; E. 43 genres avec 181 espèces ; F. 43 genres avec 289 espèces. D'autre part, le système artificiel pourrait essayer des six hypothèses suivantes : G. 1 genre avec 7 espèces ; H. 2 genres avec 19 espèces ; I. 7 genres avec 39 espèces ; K. 19 genres avec 181 espèces ; L. 39 genres avec 289 espèces ; M. 113 genres avec 591 espèces. Chacun de ces douze systèmes pourrait invoquer pour lui des raisons, comme chacun de ses auteurs peut les prendre à l'appui de ses hypothèses. Mais aucun d'entre eux ne peut avoir la prétention de représenter la vérité absolue (p. 477). La note de la p. 478 donne l'exposé exact de ces 13 systèmes et les relations des déterminations systématiques.

constance des formes dans la première génération et les. suivantes, sans retour aux types ancestraux (p. 29, Remarque).

Mais chacune de ces trois conditions peut n'être pas remplie dans les limites mêmes de l'espèce; si l'une d'elles fait défaut, on n'en peut donc inférer que les deux formes n'appartiennent pas à la même espèce. Si, dans les limites de l'espèce, la fécondation était certaine, toutes les femmes devraient être dans un état de grossesse continu; si tout rapprochement était fécond, il ne devrait point y avoir d'individus stériles comme les hybrides; enfin, s'il fallait considérer comme une cause d'exclusion tout retour aux formes primitives, il faudrait ranger toutes les espèces qui présentent des cas d'atavisme parmi les espèces hybrides. Le critérium du croisement parfait dépasse donc beaucoup le but, en donnant une fécondité relative, plus ou moins grande dans les limites de l'espèce, comme un caractère distinctif absolu. (Voir *Phil. de l'Inconscient.*) Mais si ce critérium n'est que relatif, il s'agit ici d'une simple question de proportion et de degré, c'est-à-dire de la négation d'une limite conventionnelle dans une sphère variable par nature.

Une autre remarque de M. Wigand qui a plus de portée, est celle (p. 27) où il place l'espèce au *maximum* de l'ordonnée de la courbe de fécondité. L'affinité sexuelle entre deux fleurs différentes du même pied est plus grande qu'entre les pistils et les étamines d'une seule et même fleur — aussi dans beaucoup d'espèces végétales a-t-on trouvé des dispositions qui empêchent la fécondation spontanée d'une seule fleur elle-même; — entre deux individus différents de la même forme, plus grande qu'entre deux fleurs d'un seul et même pied ; entre deux variétés d'une même espèce plus grande qu'entre deux individus semblables ; mais à partir d'un certain point la fécondité diminue avec la divergence des limites de l'espèce. Par contre, il est à remarquer d'abord que la diminution de la fécondité avec le degré de culture s'applique pour certaines espèces, mais n'est pas du tout une loi générale, et, en second lieu, que le maximum de la fécondité, le point le plus haut de la courbe, auquel M. Wigand attache une si grande importance, se trouve, non pas dans l'espèce, mais dans la variété. Dans une grande partie des plantes fécondées par la poussière qu'apporte le vent ou de celles qui inclinent leurs étamines vers la cicatrice la fécondation de la fleur par elle-même, doit être considérée comme la règle générale ; cela devrait suffire à la conservation de l'espèce, ou, suivant la malheureuse terminologie de M. Wigand, cette fécondation serait *parfaite*.

Chez les animaux qui vivent par tribus polygames les rapprochements se font librement, sans entraîner les altérations de l'espèce qui se produisent la plupart du temps chez les races domestiques soumises à la sélection artificielle. Quand les variétés sont déjà fort différentes les unes des autres, elles éprouvent souvent une répugnance décidée pour le croisement, ou au moins la préférence est donnée aux individus de la variété même ; beaucoup d'observateurs prétendent même que les variétés donnent des croisements moins féconds que les espèces dans d'autres cas.

De tout cela il faut conclure que l'ordonnée *maxima* de la courbe de fécondité correspond souvent, non à l'espèce, mais à la variété ou même à un cercle encore plus restreint. Mais on pourra soutenir que l'espèce ne *sera jamais très-éloignée* du maximum de fécondité, et, par le fait, comme critérium simplement relatif pour déterminer empiriquement s'il y a ou non espèce, ce caractère a toujours servi de base. On pourra peut-être admettre que, quand la courbe présente un maximum bien caractérisé, ce maximum correspond en réalité à l'espèce, en supposant que l'espèce soit à son développement complet, et qu'une nouvelle espèce n'ait pas commencé à se développer en elle. Si elle n'est pas arrivée à l'état d'équilibre, si elle n'est pas encore fixée, elle doit présenter encore une tendance à se croiser avec celle de ses voisines dont elle n'est séparée que par des limites plus ou moins flexibles ; si, au contraire, une nouvelle espèce a déjà commencé à se former dans la première, les variétés de cette dernière sont déjà si nettement différentes les unes des autres, qu'on peut hésiter et les prendre pour des espèces, car le maximum de fécondité se place ordinairement déjà dans les variétés.

Le fait même qu'indépendamment des espèces mûres, nous en trouvons qui ne le sont pas encore et d'autres qui ne le sont plus, des espèces qui rappellent des variétés, qui renferment en elles des variétés très-semblables à des espèces, ce fait, dis-je, parle aussi nettement que possible en faveur de l'élasticité des espèces concrètes, même dans le cas où l'idée d'espèce, appliquée seulement à celles qui sont au point exact de maturité, devrait se confondre avec l'ordonnée *maxima* de la courbe de fécondité. Seulement comme cette ordonnée existe partout, et qu'on doit faire usage de ce critérium pour la détermination des espèces quand l'observation directe de la fécondité est impossible, la question reste stationnaire.

D'autre part, et par opposition aux faits cités en

faveur de la variabilité de l'espèce, la preuve de l'invariabilité appuyée sur la constance des espèces dans la période accessible à nos observations, n'a aucune portée, au moins quand il s'agit exclusivement d'espèces fixées. Que telle ou telle espèce soit restée la même depuis la construction des pyramides, cela ne peut prouver en rien qu'actuellement certaines variétés ne soient pas en train de passer espèces, ou que certaines espèces, non encore mûres, encore plastiques, ne soient pas en train de se fixer et de se consolider autour de cette forme. La période dans laquelle l'observation de ces phénomènes est possible, est, en réalité, trop courte pour pouvoir fournir des résultats saisissables d'évolutions semblables. Des phases différentes de cette évolution qu'il nous est donné de constater nous concluons à leur marche ultérieure, exactement comme des nébuleuses gazéiformes et brillantes, des soleils incandescents et des planètes glacées que nous avons pu observer, nous concluons à la théorie du développement cosmique de ces corps célestes.

M. Wigand dit (p. 30) : « L'absence de formes intermédiaires n'est nullement un criterium décisif de l'espèce, car il y a des variétés qui n'en présentent point ; — mais si, entre deux formes données, on trouve un intermédiaire, c'est là une preuve certaine que les deux formes ne constituent pas des espèces distinctes. La constance de la forme, pendant la croissance ou dans tous les milieux, n'est nullement un caractère spécifique décisif, car il y a aussi des variétés qui en sont pourvues : — mais une forme qui, par un certain changement des milieux, ou par l'action du temps, se transforme en une autre, ou surgit d'une autre d'une façon manifeste, ne présente

pas avec elle une différence réellement spécifique. »
Ces prétendus *criteria* positifs, d'après lesquels des
formes ne seraient pas considérés comme des espèces distinctes, ont à peine besoin d'être encore
réfutés. Les variétés qui se montrent déjà stables,
doivent être considérées comme des espèces com-
mençantes; s'il arrivait parfois avec le temps d'observer une espèce se formant par cette voie, il
serait tout à fait faux, se tenant trop rigidement
attaché au préjugé de la constance des espèces, de
lui dénier le caractère spécifique, au lieu d'y reconnaître la plasticité déjà mentionnée de l'espèce dans
la période d'évolution du type organique. Il ne
s'agit, pour le moment, que de déterminer les formes
de transition, bien qu'elles ne puissent se distinguer
par elles-mêmes des espèces qui sont nées de variétés, entre lesquelles les variétés, comme formes
intermédiaires, manquent déjà. Mais si, entre deux
formes reconnues jusqu'ici comme des espèces, on
découvre un intermédiaire, on ne peut cependant
s'écrier tout de suite : Ce ne sont pas des espèces!
Un cas semblable — et ils se multiplient — serait
plutôt une preuve nouvelle de la nécessité de revenir
sur l'ancienne conception de la constance des espèces
et de leur séparation infranchissable. M. Wigand
lui-même se contredit sur ce point quand il avoue
(p. 18), et qu'il représente même graphiquement, que
le cycle des formes d'une espèce peut être en contact immédiat avec celui d'une autre espèce, ce qui
établit la transition si redoutée.

. Quant à la plasticité de l'espèce en évolution, il y a
des faits qui parlent en sa faveur : les espèces actuellement vivantes n'ont pas de représentants corres-
pondants dans les faunes et les flores antérieures;

mais les *genres*, les *familles*, les *ordres* en ont; les représentants paléontologiques des formes actuelles présentent entre eux des différences sensiblement moindres qu'elles; ainsi, par exemple, des familles représentées dans une période géologique déterminée par de simples variétés, sont simplement des espèces dans une période géologique antérieure. Et même, si l'on considère des classes tout à fait différentes du règne animal, les poissons et les amphibies par exemple, en reculant toujours sur l'échelle des temps, on arrive à des époques où cette différence, si manifeste, devient toujours de plus en plus faible.

M. Wigand a attaqué cette manière de voir; il ne peut décemment contester cette décroissance constante des différences dans les périodes antérieures; il prétend que les différentes déterminations systématiques, sont non-seulement graduelles, mais qualitativement différentes entre elles, de façon, par exemple, que deux espèces ne puissent jamais devenir deux genres. Malheureusement M. Wigand est dans l'impossibilité de déterminer où réside la différence spécifique entre l'idée d'espèce et celle de genre, et, tant qu'il y restera, nous devrons nous en tenir à l'hypothèse qu'elles se distinguent seulement par le degré de la différenciation qui comporte évidemment un degré supérieur. Suivant l'opinion particulière de M. Wigand, on ne peut jamais trouver dans le système une différence aussi caractéristique qu'entre la variété et l'espèce; du moment que nous avons reconnu que cette différence est variable, nous avons à *priori* le droit de supposer cette variation possible pour toutes les autres différences. Que l'idée d'espèce tombe dans le voisinage du maximum de la courbe de fécondité, cela ne veut rien dire, si ce n'est qu'une cer-

taine combinaison de différence et de ressemblance
est plus favorable à la reproduction que toutes les
autres; si la différenciation augmente, la relation la
plus favorable de ressemblance et de différence doit
être cherchée à un point situé plus en arrière, c'est-
à-dire que le processus de la différenciation antérieure
est arrivé à des différences qui demandent déjà, pour
être caractérisées, une détermination systématique
plus précise que celle de l'espèce.

Il s'ensuit que le criterium de l'espèce qui résulte
du maximum de la fécondité ne présente en aucune
façon, dans la distinction du genre et de l'espèce, un
caractère suffisamment net pour empêcher de confondre l'une avec l'autre dans le processus de la
différenciation. La polémique de M. Wigand contre la
transformation des espèces en familles, variétés, etc.,
n'est exacte qu'en ce sens que toute espèce n'est pas
apte à réaliser cette transformation ; il n'y a dans ce
cas que celles qui portent, dans la divergence morphologique de leur évolution généalogique, les éléments d'un développement morphologique plus vaste,
et cette condition doit être remplie d'une manière
d'autant plus complète, que l'évolution à réaliser par
l'espèce doit embrasser des types systématiques plus
compréhensifs. Plus une telle espèce doit introduire
dans son développement organique un élément nouveau morphologiquement caractérisé, plus elle est
apte à servir d'ancêtre à un nouvel ordre ou à une
nouvelle classe, et plus, naturellement, il est sûr
qu'un acte de génération hétérogène est nécessaire;
plus le transformisme pur et simple est manifestement insuffisant.

Le résultat auquel nous sommes arrivés pour le
transformisme par le concept de la variabilité de l'es-

pèce peut se formuler ainsi : nous lui avons accordé la faculté, absolument déniée par la théorie de la constance des espèces, de passer d'une forme à une autre, en tant que ces deux formes ne se distinguent pas par des modifications morphologiques assez profondes pour qu'une métamorphose brusque du germe soit nécessaire. Mais la théorie du transformisme n'a reconquis là rien autre chose que la simple possibilité d'une telle explication, et cette possibilité pourra devenir une probabilité dans l'ordre concret, s'il est vraisemblable que les termes intermédiaires actuels, entre des espèces non douteuses, puissent être considérés comme des transitions *généalogiques*. On ne pourrait arriver à la certitude que par l'observation expérimentale d'une transformation en train de se faire. On le voit, la théorie du transformisme, malgré la variabilité de l'espèce, repose toujours sur des bases très-incertaines, et tout ce qui a été dit contre elle, et en faveur de la génération hétérogène, n'est nullement atteint par la question de la constance ou de la variabilité des espèces.

Le résultat du présent chapitre est que, même si des découvertes et des observations ultérieures devaient assigner à la théorie du transformisme un plus grand rôle que l'état actuel de nos connaissances ne permet de lui attribuer, néanmoins, et d'une manière permanente, la construction générale de l'échafaudage principal du système naturel revient à la génération hétérogène, tandis que le transformisme sert plutôt à habiller le squelette avec de la chair et de la peau, à développer la multiplicité des formes du règne organique, et aussi à préparer le terrain pour la prochaine génération hétérogène. Les deux processus ne sont que des modifications des moyens par lesquels la loi d'évolution interne se réalise à l'extérieur ; tous deux se soutiennent réciproquement, vont côte à côte et s'appuient l'un sur l'autre. Il est tout à fait faux qu'une des théories exclue l'autre ; la discussion ne peut porter que sur l'importance relative de leur effi- cacité et les limites de leur cercle d'action. Mais, s'il fallait choisir l'une des deux à l'exclusion de l'autre, l'édification du règne organique par la génération hétérogène sans transformisme apparaîtrait au moins comme *très-possible* ; elle serait au contraire complé- tement impossible par le transformisme agissant seul. Voici donc où gît le débat : le darwinisme donne cette dernière impossibilité *comme la vérité* ; au contraire les partisans de la génération hétérogène ne pren- nent nullement une attitude aussi hostile à la collabo- ration auxiliaire du transformisme ; seulement ils lui attribuent un rôle d'une importance plus ou moins grande. On doit en conclure que les partisans non darwiniens de la théorie de la descendance appro- chent, en tout cas, notablement plus de la vérité que le darwinisme, qui s'en éloigne par la condamnation exclusive qu'il a maintenue jusqu'ici contre la théorie de la génération hétérogène.

CHAPITRE IV

GÉNÉALOGIE DES CELLULES PRIMITIVES SUIVANT M. WIGAND.

Avant d'en arriver à la critique du principe d'explication à l'aide duquel le darwinisme s'efforce de rendre vraisemblable la formation du règne organique par voie de transformisme, il paraît à propos de jeter un coup d'œil sur la modification que M. Wigand a cherché à apporter à la théorie de la génération hétérogène. Non pas qu'il faille attribuer à cette modification une importance positive, mais seulement parce que la critique qu'on en peut faire fournit un moyen sûr pour arriver à pénétrer plus intimement dans l'intelligence du problème posé.

Les partisans de la théorie de la descendance ne sont rien moins que d'accord sur la question de savoir si la communauté d'origine s'étend à l'ensemble de l'organisme terrestre, ou bien s'il dérive, non pas d'une seule, mais de plusieurs souches (génération monophylétique ou polyphylétique), et de quelle manière le règne végétal et le règne animal ont pu provenir de souches multiples. Les partisans de la théorie du transformisme, en particulier, doivent rencontrer une difficulté insurmontable pour leur principe, dans la différence du plan de construction des traits principaux de l'organisation ; aussi Darwin a-t-il admis huit ou dix souches diverses placées les unes à côté des autres ; Hœckel s'est associé à cette vue jusqu'à rattacher la portion polyphylétique des souches animales aux organismes les plus inférieurs (protozoaires) et admettre pour tous les animaux supérieurs (metazoaires) une origine commune, celle des *Gastrœa* (*Jenaische Zeitschrift fur Naturwiss*, *Bd* VIII 51).

Les partisans de la théorie de la génération hétérogène ne peuvent trouver, dans la variation du plan des grandes divisions du règne animal et végétal, aucune raison de rejeter la filiation réciproque de ces organismes et de tenir, en ce sens, pour les souches polyphylétique. En revanche, il se pose une autre question, à savoir si des types *non identiques*, pouvaient naître, par l'action de la même loi d'évolution, de cellules égales mais indépendantes les unes des autres par leur mode de formation. Kölliker a particulièrement insisté sur cette question, et elle pourrait certainement avoir, pour les recherches ultérieures sur l'action de la loi d'évolution, c'est-à-dire pour les degrés inférieurs de l'organisation, une importance qui, nous l'avons vu, a été reconnue par des partisans de la théorie du transformisme, comme Hœckel.

Pour une période plus avancée de l'évolution, il faut remarquer que l'identité du point de départ, coïncidant avec celle du développement interne, exclut toujours d'abord l'un des facteurs du processus d'évolution, le facteur interne, et que l'identité du résultat ne peut être obtenue à coup sûr que par l'autre facteur, la somme des influences extérieures, ce qui ne peut être admis dans ce cas. Kölliker a le droit de dire, à ce propos, que souvent un parallélisme existe dans l'espace entre des évolutions séparées, ayant un point de départ généalogique commun (sans faire intervenir l'unité de souche commune à tous les organismes supérieurs), et que des phénomènes de ce genre sont de nature à prouver l'identité de la loi qui préside à l'évolution tout entière ; mais ils prouvent précisément aussi, qu'en isolant le processus lui-même dans une période plus courte, les résultats ne sont plus identiques, mais seulement semblables, à cause des phénomènes extérieurs, modificateurs des types (par exemple, les représentants des mêmes familles dans les différentes parties du globe).

Quand M. Wigand part de l'hypothèse que l'espèce se distingue de la variété par une différence absolue, tandis que toutes les autres différences entre les déterminations systématiques sont simplement relatives, il pense que, s'il faut chercher quelque part un développement polyphylétique, on doit surtout le rencontrer dans les espèces (p. 233-236). Il tient donc pour l'ancienne hypothèse de Linné suivant laquelle les variétés d'une même espèce ont seules une origine commune, mais, d'un autre côté, il se rattache à la théorie moderne de la descendance par l'hypothèse que les *cellules primitives* des différentes espèces, à l'état de *monères*, forment une souche monophylétique [1].

Aussi loin que cette théorie des cellules primitives

1. Cf. Wigand : Généalogie des cellules primitives comme solution du problème de la descendance ou de la naissance des espèces sans le secours de la sélection naturelle.

rentre dans l'attachement obstiné à la théorie de la fixité absolue des espèces, je puis m'appuyer contre elle sur la critique du chapitre précédent.

Par une prudence méthodologique exagérée, M. Wigand commet la faute de méthode d'étendre les règles constatées empiriquement au-delà du domaine où elles s'appliquent; il oublie que, pour s'en tenir strictement à l'expérience, il faut renoncer à toute spéculation sortant du domaine empirique, mais que, une fois entré dans le domaine de la spéculation, on doit nécessairement modifier les règles trouvées empiriquement suivant les données du problème en question. Au lieu de la modification la plus indiquée (la génération hétérogène), M. Wigand en propose une beaucoup plus hardie, encore beaucoup plus soustraite à la vérification de l'expérience; il suppose, en effet, avant la période où l'espèce est formée, avec transmission héréditaire et constante de ses caractères, une « période primordiale » où domine le principe de la descendance. Il a donc besoin de recourir à l'intermédiaire de deux périodes, et même d'une troisième, période de transition des cellules primitives monériformes aux espèces formées, dont les formes intermédiaires, comme nous le verrons d'une façon encore plus précise, ne se distinguent en rien de la génération hétérogène (cf. Gen. der Urz., p. 27 et 28).

M. Wigand s'est déterminé encore par d'autres raisons dont voici la plus importante ; il a oublié que la formation brusque de caractères déjà imprimés dans le cours du processus d'évolution est parfaitement possible, et souvent constatée par l'expérience; que, par conséquent, une semblable formation brusque de caractères existant dans la forme primitive jusqu'à complète disparition, peut très-bien être considérée comme réalisable par la génération hétérogène, et que la suppression des premiers organes au profit de ces caractères, par la métamorphose du germe, ne peut en aucune manière passer pour plus étonnante que la transformation des organes anciens en organes nouveaux par la même voie. Dans la série de descendance que nous connaissons, la nécessité de ces *processus* brusques doit être écartée autant que possible et réduite à la mesure strictement nécessaire ; cela est évident et concorde avec la *lex parsimoniæ naturæ*. Par conséquent, toutes les nouvelles formations d'espèces ne se rattachent pas à celles des formes primitives qui se différencient déjà autant ou plus que le nouveau type à créer, mais à celles qui se différencient moins ; en d'autres termes, c'est des formes tout à fait imparfaites de leur genre ou de leur ordre que naissent les types du genre ou de l'ordre immédiatement supérieur (Voir la démonstration précise de cette loi dans ma *Philosophie de l'Inconscient*). M. Wigand ignore ce fait, qui était tout à fait propre à détruire l'opinion sur les difficultés de l'hypothèse de la génération hétérogène, qu'il soutenait en restreignant les caractères régressifs essentiellement aux propriétés et aux organes strictement réclamés par la conservation de la vie et la propagation du type plus imparfait, pour faire d'un type abstrait de genre ou d'ordre le type d'une espèce viable.

En effet, il ne peut exister un type *abstrait* de genre ou d'ordre, mais pas plus sous forme d'une cellule primitive, effectivement munie des appendices nécessaires au développement de ce genre ou de cet ordre, que sous forme d'un organisme complet. Et même — c'est ce qu'oublie M. Wigand, — si la cellule primitive doit être un individu concret engendrant une espèce concrète, elle devrait porter dans sa contexture embryologique le type de l'ordre comme élément immanent d'un type de genre ou d'espèce. Tout ce qui doit exister à l'état concret, en puissance ou en acte, doit être *spécifiquement déterminé* d'un bout à l'autre. Aussi l'hypothèse, faite par M. Wigand, de cellules primitives d'ordres et de familles qui disparaissent après avoir rempli leur destination propre, qui est de fournir les cellules primitives des espèces, cette hypothèse est inadmissible, non-seulement au point de vue scientifique, mais aussi au point de vue philosophique, et échappe ainsi absolument à sa théorie.

M. Wigand admet ensuite qu'après que les cellules primitives de toutes les espèces, vivant comme monères, se sont développées dans la « période primordiale », sont sorties des cellules primitives de la tige commune, hors de la monère unique, elles se sont perpétuées sans modification avec toutes leurs propriétés latentes, et arrivées jusqu'à l'époque de leur développement. (Cette hypothèse trouve naturellement, pour les millions d'années demandées, juste aussi peu d'appui dans les faits d'expérience que le processus de la *période primordiale elle-même*.) Il en sort alors une succession plus ou moins longue d'*états de larve*, desquels finit par émerger l'espèce parfaite et désormais invariable. Pour de semblables métamorphoses individuelles des types, dans lesquels la métamorphose après l'entrée dans la vie propre ne présente plus le caractère spécifique, il manque une confirmation expérimentale quelconque, et, par conséquent, il y a lieu de croire que ce passage de « l'état de larve » est plutôt phylogénétique qu'ontogénétique. On ne voit pas, d'ailleurs, clairement l'opinion de M. Wigand sur ce point. Si la cellule primitive avait une énergie d'évolution assez prodigieuse pour pouvoir, dans une existence individuelle, franchir la distance qui sépare les monères, de l'homme, par exemple, on ne comprendrait pas comment elle aurait pu maîtriser cette énergie pendant une période aussi incroyablement longue. Il serait beaucoup plus naturel de supposer que toutes les cellules primitives seraient passées, toutes en même temps, à l'état de larves qui leur correspond, aussitôt que l'état géologique de la terre l'aurait permis, et qu'alors ces états de larves se seraient propagés comme tels.

On pourrait étayer cette hypothèse sur cette analogie que, chez un grand nombre d'animaux à métamorphoses, l'état de larve possède une puissance propre de propagation et que, chez les autres, la perte de cette puissance de propagation paraît s'être produite postérieurement. Naturellement, dans ces hypothèses, les larves de M. Wigand devaient être munies d'une puissance de reproduction, c'est-à-dire d'organes de reproduction, qui correspondaient à leur état (ce qui est vrai déjà des cellules primitives de l'état des monères), et qui, dans l'évolution d'un état de larves supérieur, avaient besoin de la formation brusque. Si M. Wigand voulait repousser cette conséquence, il ne pourrait pas échapper à la nécessité du processus de formation brusque ; en effet, que ses larves aient ou non le pouvoir de se reproduire, elles doivent en tout cas être pourvues d'organes qui leur permettent de conserver la vie individuelle et la faculté de croître dans la mesure nécessaire.

Mais ces organes, autant et plus que les organes de reproduction, réclament la formation brusque, car les conditions de la vie des larves doivent être tout-à-fait différentes de celles de la vie de l'espèce parfaite. M. Wigand ne peut donc échapper, en aucune manière, à la nécessité de reconnaître que les actes de génération hétérogène, par lesquels sa cellule primitive de l'espèce conduit à l'espèce développée, rencontrent les mêmes difficultés, exactement au même degré, que la génération hétérogène qu'il a voulu rejeter en raison de ces mêmes difficultés, et qu'il a cru devoir remplacer par la théorie de la généalogie des cellules primitives.

Mais demandons-nous, telle que se présente la théorie de M. Wigand, si nous éliminons les cellules primitives insoutenables des ordres et des familles, et si nous reconnaissons aux « états de larve » qui représentent comme tels les différents ordres de la souche commune, une faculté propre de reproduction pour toute la période géologique, jusqu'à ce qu'une phase nouvelle de l'évolution géologique admette le passage à un nouvel « état de larves » et, en dernière analyse, à l'espèce définitive. En réalité, cette conception ne présente même plus la plus légère différence extérieure avec l'idée de la descendance par voie de génération hétérogène, que j'ai exposée et développée, par exemple, dans la *Philosophie de l'Inconscient;* car, si M. Wigand se laissait aller à reprendre en détail toutes les nombreuses étapes de l'évolution de l'espèce *homme*, par exemple (appelées par lui assez singulièrement états de larve), cette série ne se distinguerait plus du tout de la descendance directe, admise d'autre part pour cette espèce (par Hæckel entre autres dans son Anthropogénie); elle serait même encore plus incertaine et plus incomplète. La théorie de M. Wigand se distingue encore par deux erreurs de fond de la théorie ordinaire de la descendance ; d'abord elle refuse, aux ancêtres directs des formes supérieures, tout rôle propre dans l'économie de la nature comme espèces particulières, et les rabaisse en dernière analyse, à la condition de simples instruments d'une destination étrangère, de larves des formes supérieures ; en second lieu, dans les phases antérieures de l'évolution, elle cherche non seulement en simple puissance, dans le sens d'une possibilité future, mais en acte, des appendices embryonnaires complets qui renferment, *matériellement* préformés, les germes de ce qui doit se développer plus tard. Il résulte de cette dernière erreur que M. Wigand a le courage de s'engager dans les spéculations philosophiques en passant par-dessus l'expérience, mais, une fois là, il croit pouvoir et devoir s'en tenir à une explication purement empirique à la stricte exclusion d'explications métaphysiques — ce qui fait pendant au vice de méthode signalé plus haut.

M. Wigand reconnaît très-bien l'erreur darwinienne qui consiste à rapporter tout le processus de l'évolution uniquement à l'action de causes extérieures ; à cela il oppose avec raison une loi d'évolution interne, ou l'action régulière « d'une tendance à la formation et au développement, immanente à la nature elle-même » (Darwinisme, p. 336). Mais au lieu d'envisager ce concept métaphysique comme la base métaphysique des phénomènes empiriques et de s'y tenir, il retombe dans la même erreur que Darwin, en voulant donner de l'évolution une explication mécanique et matérialiste ; seulement il place le mécanisme à l'intérieur au lieu de le placer à l'extérieur comme Darwin. Il conclut en effet de la manière suivante : si, dans un acte de génération hétérogène, il naît, par métamorphose du germe, un type morphologiquement modifié, la *raison suffisante* de ce phénomène doit être contenue dans la combinaison des atomes matériels de l'animal générateur, soit dans l'embryon et ses auteurs, soit déjà dans la cellule primitive de l'espèce. Mais, comme il s'agit ici d'une marche en ligne droite, et non d'un cycle de transformations, tous les exemples de transmission latente qui ne se rapportent pas à ce dernier cas ne peuvent servir. On devrait donc plutôt conclure ainsi : Puisque celle des cellules qui correspond aux appendices existants jusqu'ici n'est pas encore parvenue à développement, elle ne peut être à elle toute seule la cause suffisante d'un progrès actuel, car il aurait dû se produire autrement depuis longtemps. Au contraire, à la dernière métamorphose du germe pour le moment, il doit avoir manqué encore une condition, qui aurait complété la somme des conditions contenues dans le germe et données d'abord comme causes suffisantes. Ici M. Wigand a le choix de chercher cette condition nouvelle, ou avec Darwin dans un hasard externe, ou avec moi dans l'activité d'un principe métaphysique. Naturellement, dans ce dernier cas, il ne peut être question que d'un processus régulier d'évolution, de formation interne, progrès spontané de l'organisation en vertu d'un plan déterminé.

De plus, comme le processus de la métamorphose du germe est toujours un processus naturel de croissance, et qu'il s'agit seulement de l'évolution de la croissance naturelle dans une direction déterminée morphologiquement nouvelle, mais, au moment de la segmentation des cellules, différant d'une petite quantité de la direction normale, on n'a plus besoin en réalité d'organes spéciaux pour le germe engagé dans une nouvelle voie de croissance, indépendamment de l'impulsion transformatrice nécessairement inaccessible, car la croissance régulière embrasse d'elle-même tout le reste. Pour le processus organique de l'évolution considéré comme tel (dans l'hypothèse de la croissance et de la perpétuation normales et naturelles), il suffit de la somme de toutes les impulsions sur les métamorphoses régulières (brusques ou minimales) du germe.

M. Wigand, qui admet bien une évolution régulière interne, quoique sans le concours de principes métaphysiques d'explications, enlève, à la somme de ces impulsions s'exerçant sur les métamorphoses du germe, la période de temps réclamée par la marche naturelle du processus d'évolution; il réunit en une seule les périodes séparées en réalité dans le temps, s'en sert comme de raison métaphysique déterminante des organes des cellules primitives devant totaliser en eux-mêmes tout le développement ultérieur, et place le tout dans l'éloignement nuageux des commencements, où le savant ne se croit plus le droit de reculer devant le plus extraordinaire des miracles. Et comme, ainsi qu'on vient de le voir, en remettant dans l'indétermination les impulsions nécessaires au début des métamorphoses du germe soi-disant différentes, il s'écarte de la vérité, il n'arrive, en somme, par cette tentative d'éliminer le principe métaphysique, qu'à doubler l'importance du rôle qui lui est assigné, car il faut produire des cellules mères des cellules primitives renfermant en elles-mêmes le développement organique total à l'état de germe matériellement préformé; cette restitution du miracle de la création sous forme d'une concentration potentielle infinie est une des fantaisies les plus téméraires de l'imagination scientifique.

Au lieu donc d'admettre, avec M. Wigand, que la métamorphose du germe d'un animal non rayonné en germe d'un rayonné, devait se produire comme matériellement préformée dans la cellule primitive sortie des mains de Dieu, s'est transmise alors à l'état latent et sans variation à travers d'immenses périodes géologiques, et enfin, à un certain instant, est parvenue à évolution effective par l'impulsion métaphysique commencée, nous admettrons plutôt que la même impulsion métaphysique, qui délie les possibilités de modification de croissance contenues dans le germe, *détermine* en même temps la direction de l'écart du processus de croissance normale jusque là, et rend superflues les deux premières hypothèses. Quant à la manière dont M. Wigand le présente dans la transmission des organes latents pendant des millions d'années, la nature n'associe jamais à ses créations un lest inutile ; elle fournit à ses enfants l'équipement qui leur est nécessaire, quand ils en ont effectivement besoin. Quand je considère les impulsions de développement en même temps que les impulsions de direction pour la métamorphose du germe, je fais, du travail organique de formation, la base de l'évolution systématique, régulière, conforme à la réalité ; M. Wigand au contraire en parle, mais en fait il le nie et l'élimine parce qu'il abaisse tout le processus de la vie organique au bourdonnement mécanique d'une machinerie infiniment artificielle, que Dieu aurait créée dans la cellule mère pour fonctionner à une époque déterminée.

Quiconque prend à cœur la dignité, la sagesse du

créateur, doit avouer qu'elle ne subit à coup sûr aucune atteinte, si l'action du principe métaphysique dirigeant le processus d'évolution se répartit en impulsions infiniment petites sur la durée totale du processus, plutôt que d'être concentrée au point de départ et de se créer dans l'évolution même. Mais, si l'on prend au sérieux l'idée de l'*évolution organique vivante*, on doit se dire que ni le mécanisme extérieur de Darwin, ni la mécanique interne de M. Wigand ne suffisent à cette idée, et qu'elle ne pourra être satisfaite que si le sujet métaphysique du plan d'évolution est immanent au processus lui-même comme base du développement régulier, et actuellement vivant, c'est-à-dire actif en chacun de ses points. Dans ce sens, le travail de formation organique et régulière prend une signification philosophique, comme la fonction individualisée du principe général d'organisation, qui, précisément pour cela, s'accommode harmoniquement au grand tout dans l'ordre et au moment de son activité.

CHAPITRE V

LA THÉORIE DE LA SÉLECTION.

a. — La sélection naturelle et ses trois facteurs.

Après la digression du chapitre précédent nous revenons au darwinisme dans son sens le plus étroit, et nous arrivons au point central de ce système, la théorie de la sélection naturelle qui forme l'idée fondamentale originelle du darwinisme, et dans laquelle Darwin a cru avoir trouvé la clef de l'explication mécanique et matérialiste de la formation des espèces et de l'évolution du règne organique. Nous avons vu que le darwinisme est partout animé de la tendance à chercher des explications mécaniques et matérialistes. Ainsi il arrive à la théorie de la descendance, pour expliquer mécaniquement la parenté idéale des types issus d'une souche commune, au moyen du principe de la transmission héréditaire considéré comme purement mécanique ; mais il ignore les cas de parenté idéale qui ne reposent point sur la communauté d'origine et s'appuient sur un principe commun d'évolution interne. Il arrive à admettre le transformisme pour pouvoir rapporter toutes les modifications des types à la formation mécanique des déviations minimales et fortuites ; mais il ignore la nécessité, qui se présente dans la plupart des cas, de supposer une modification embryonnaire brusque (génération hétérogène), qui se soustrait évidemment au hasard dans la régularité de ses résultats subits, et repose sur une loi d'évolution interne. Pour faire sortir du domaine de l'abstraction le transformisme, si exagéré dans sa portée réelle, et pour lui trouver une base concrète, on invoque le principe de la sélection naturelle qui s'étale sur le titre de l'ouvrage principal de Darwin comme le travail spécial de l'auteur, bien que, pour appuyer ce principe supérieur d'explication, Darwin ait encore recours à plusieurs principes auxiliaires empruntés à ses prédécesseurs ou tirés de son propre fonds, et pour l'examen desquels nous renvoyons à l'avant-dernier chapitre.

Nous avons, déjà plus d'une fois, appris à connaître la tactique séduisante du darwinisme, qui consiste à embrouiller tellement les principes et les théories en jeu, qu'ils apparaissent comme un tout cohérent et indivisible, en sorte que toute tendance individuelle d'un des éléments à s'élever est inscrite au crédit de l'ensemble. De cette manière les éléments du mélange, auxquels manque déjà une explication propre suffisante, servent à expliquer les autres. C'est ainsi que nous avons vu, dès l'abord, toute preuve de parenté idéale invoquée à l'appui de l'hypothèse d'une parenté généalogique, et de même toute présomption, réelle ou apparente, de filiation généalogique employée à fortifier l'hypothèse du transfor-

misme. Ce que nous avons rencontré, le plus souvent
et avec le moins de preuves, dans le darwinisme, c'est
la supposition que toute probabilité de parenté, idéale
ou généalogique ou de transformisme, doit être considérée comme une preuve fondamentale de l'exactitude de la théorie de la sélection. Cette prétention est
soutenue avec d'autant plus d'éclat, d'éloquence, et,
dans une forme d'autant plus populaire, c'est-à-dire
d'autant moins scientifique, que les partisans du darwinisme cherchent à faire de la propagande dans un
milieu plus profane.

Là contre, il n'y a qu'une ressource : c'est de distinguer nettement et de préciser les idées. La théorie de
la sélection elle-même, bien qu'elle doive se contenter
d'une place subordonnée dans l'ensemble complexe
compris sous le nom de darwinisme, n'est cependant
rien moins qu'une idée simple ; elle représente même,
au contraire, une combinaison d'hypothèses et d'explications différentes de valeur et de portée très-diffé-
rentes. Comme nous avons déterminé plus haut le
cadre dans lequel la théorie de la sélection doit se
mouvoir, notre tâche est maintenant de séparer les
éléments confondus et d'en déterminer pour chacun
la valeur individuelle.

Je ferai une remarque préalable : la théorie de la
sélection, dans un certain sens, comprend un domaine plus vaste que celui que lui assigne le darwinisme qui n'en fait qu'une hypothèse auxiliaire du
transformisme; l'élément constitutif de la théorie, la
variabilité, doit être modifié dans ce sens que les modifications qui se produisent régulièrement, ne peuvent être considérées, ainsi que Darwin le suppose,
comme procédant par degrés continus. Elles doivent
au contraire être brusques, s'opérant par métamor-

phoses très-notables du germe. Si le pouvoir de la sélection naturelle ne s'étendait pas en réalité plus loin que le transformisme, nous pourrions assez facilement en faire la critique d'après ce que nous avons déjà vu, car, dans ce cas, son rôle dans la formation des espèces, eu égard à l'état actuel de nos connaissances, ne pourrait entrer en ligne de compte. En réalité, au contraire, la sélection naturelle s'applique aussi bien aux types issus de la génération hétérogène qu'à ceux qui proviendraient d'une suite de modifications insensibles et fortuites. Si, en général, la lutte pour l'existence est d'autant plus vive que les formes et les individus en lutte sont plus voisins, et, par suite, si elle est la plus vive entre les individus de même espèce et de même variété, elle reste cependant partout assez vive, quand il y a concurrence, pour des conditions d'existence équivalentes, et une espèce nouvelle issue, par voie de génération hétérogène, peut aussi bien supplanter l'espèce mère, qu'une espèce nouvellement introduite dans un pays peut supplanter une espèce indigène du même genre.

Ce rôle de la sélection naturelle a été également méconnu par Darwin et Wigand; Darwin dédaigne toute application de ce principe sur une autre base que celle du transformisme, Wigand repousse la théorie de la sélection parce qu'il repousse le transformisme. Darwin veut une explication mécanique et matérialiste et, par suite, il repousse toute excursion sur un domaine où, comme dans le cas de la génération hétérogène, la possibilité d'arriver à cette explication lui est visiblement refusée; Wigand soutient avec raison le principe de l'évolution, mais il s'est empêtré dans la même erreur, comme si dans le principe de l'évolution « il n'y avait pas de place pour le principe de la sélection » (p. 90). La vérité est entre les deux. La sélection naturelle est un principe exact et exerçant en fait dans la nature son action sur le domaine le plus étendu, mais elle est cela en partie précisément parce qu'elle s'applique sur une échelle plus vaste que Darwin et Wigand ne le supposent. En elle-même et par elle-même elle doit représenter un principe mécanique, mais elle ne peut exercer son action que parce qu'elle se développe sur un terrain (celui de la variabilité régulière ou de la génération hétérogène) qui n'est pas soumis à des lois purement mécaniques, mais forme la base d'un travail organique et vivant. La sélection naturelle n'est pas vraie, comme le pense Darwin, parce qu'elle est un principe mécanique ; elle n'est pas fausse, comme le dit Wigand, parce qu'elle est un principe mécanique ; mais elle est vraie *quoiqu'*elle soit en partie un principe mécanique, et *parce que*, comme telle, elle sert de véhicule à la réalisation d'un principe idéal.

Que la sélection naturelle, aussi loin qu'elle s'étend sur le terrain de la génération hétérogène, implique l'action d'une loi d'évolution organique interne, après ce qui précède, il n'est plus besoin de le prouver ; mais que le darwinisme fasse fausse route quand il croit qu'il en est autrement sur le terrain du transformisme, c'est ce qui demande quelques développements encore. On établira par cette considération dans quels cas agit la sélection naturelle, dans quels cas elle n'agit point, et dans quelle mesure la portée de ce principe a été exagérée jusqu'ici par le darwinisme.

La théorie de la sélection naturelle est venue à l'idée de Darwin, comme il le raconte, par l'extension de la sélection artificielle au domaine de la nature. Comme l'éleveur choisit son bétail et n'admet à la reproduction que les individus le plus favorablement organisés, de même aussi, dans la nature, il peut se faire un choix entre les formes, parmi celles seulement qui sont le mieux appropriées aux conditions de la vie. Ce qui fait cette sélection, ce n'est pas, dans la nature, la volonté d'un éleveur, mais *la lutte pour l'existence*, la concurrence active ou passive pour les conditions de la conservation de la vie. Or, pour que cette sélection puisse se réaliser, il faut qu'il y ait un certain nombre de formes plus ou moins différentes les unes des autres, entre lesquelles le choix puisse se faire; leur multiplicité doit être le résultat de leur *variabilité*. Enfin pour que le produit de la sélection soit, non pas momentané, mais durable, il doit être fixé par la transmission héréditaire; pour qu'il puisse atteindre une valeur appréciable, la variation transmise doit fournir un niveau nouveau à la répétition de la variation et de la sélection dans le même sens, de façon que les actions de la sélection s'ajoutent (cette dernière partie ne subit qu'une modification, facile à saisir, dans l'hypothèse de la génération hétérogène repoussée par Darwin).

Par conséquent, pour que la sélection naturelle puisse suivre son cours normal, trois facteurs doivent intervenir simultanément : la lutte pour l'existence, la variabilité, et la transmission héréditaire; qu'un seul de ces facteurs vienne à manquer, et la sélection naturelle s'interrompt dans le cas donné, c'est-à-dire que l'action des autres facteurs reste sans résultats. Mais chacun des facteurs doit aussi agir d'une façon tout à fait déterminée, s'il doit servir au processus de la sélection naturelle dans le sens de la *modifica-*

tion (non pas seulement dé la conservation) du type ;
on ne peut admettre une sélection modifiant le type,
que dans les cas où chacun des trois facteurs est démontré agir dans la mesure exactement requise pour
le processus modificateur. Cette vérification de la présence nécessaire de chacun des trois facteurs, dans la
proportion voulue, est généralement laissée de côté
par le darwinisme ; partout, par exemple, où se rencontre l'un d'eux, la lutte pour l'existence, sans aller
plus loin l'application de la théorie de la sélection est
considérée comme démontrée. M. Wigand a rendu
un service incontestable en faisant l'analyse détaillée
de chacun des facteurs, bien que sa critique tombe
trop fréquemment du détail dans la minutie et semble
perdre de vue les **grandes lignes**.

b. — La sélection dans la lutte pour l'existence.

L'élément qui joue le rôle le plus important et le
plus général dans l'économie de la nature, c'est la
lutte pour l'existence, d'abord comme moyen auxiliaire de lutter contre les causes naturelles (l'alimentation insuffisante, les maladies et leurs suites, les
défauts de naissance) qui menacent d'altérer la pureté
des races, ou, en d'autres termes, comme moyen de
conserver et d'ennoblir les espèces sans aucune modification du type. Partout ce sont les individus les
mieux portants, et le mieux en état de résister à toutes
les maladies, qui concourent surtout à la perpétuation
de la race ; mais, à côté de la santé, il y a la force de
supporter longtemps la faim et la soif, la chaleur et le
froid, la sécheresse et l'humidité, aussi bien que la

force musculaire, la vélocité, l'industrie, suivant les conditions d'existence le mieux appropriées à chaque animal. Or la santé, l'aptitude à la résistance prolongée aux fatigues de toute sorte, la force, la vitesse, l'industrie, contribuent aussi, indépendamment du type, à le faire parvenir au plus haut degré de beauté qu'il soit susceptible d'atteindre. La réunion de l'adresse avec la beauté constitue ce qu'on appelle « l'ennoblissement des races ». La lutte pour l'existence agit donc partout en faveur de la conservation à l'état de pureté et de l'ennoblissement des espèces, et elle se présente ainsi comme l'un des agents principaux dont la nature se sert pour réaliser ses idées.

Ses types spécifiques correspondent, par leur structure morphologique et leurs organes physiologiques, aux conditions d'existence dans lesquelles ils se trouvent et qui, en général, restent constantes pendant une longue période. Il ne s'agit ici que de maintenir l'espèce au point d'équilibre supérieur déjà atteint, et la sélection naturelle résultant de la lutte pour l'existence suffit à cet office. La variabilité n'entre ici en jeu qu'en tant qu'elle se présente comme l'ennemi à combattre, et la transmission héréditaire ne suffit à la conservation de l'espèce que si le type spécifique a pu se maintenir pur, dans autant d'exemplaires que chaque génération a pu en sauver dans la lutte pour l'existence. Les conditions sont donc ici de tout autre nature que dans la modification des types par voie de sélection naturelle.

Dans cette dernière direction, la lutte pour l'existence ne peut agir que lorsque, par suite de la modification des conditions vitales, l'espèce cesse d'être parfaite et perd son équilibre d'adaptation. Alors, parmi les modifications du type produites par la variabilité, il s'en trouve qui s'adaptent, mieux que les formes antérieures, aux nouvelles conditions du milieu ; elles ont ainsi l'avantage dans la lutte pour l'existence, et l'ancienne forme est plus exposée à succomber. Comme les circonstances géographiques et climatériques de chaque localité sont soumises à de très-fréquentes variations, cette condition agit suffisamment sur la modification des rapports d'existence ; aussi trouve-t-on, pour chaque variation graduelle locale de la température, dans un sens ou dans l'autre, une modification correspondante et progressive des conditions de la vie, laquelle ouvre un champ à l'action progressivement croissante de la lutte pour l'existence (en supposant naturellement, que cette variabilité marche toujours du même pas que les modifications progressives des conditions de la vie).

Les choses se passent de la même manière, que la concurrence soit active ou passive ; qu'il y ait lutte réelle pour les conditions vitales nécessaires à une seule fonction de l'individu (territoire, lumière, air, alimentation) ; ou qu'il y ait simplement résistance passive aux actions tendant à détruire la vie, ou enfin attitude stationnaire, laissant passer les occasions extérieures de nature à favoriser, sans son concours, l'individu et sa postérité. La concurrence active peut, par exemple, consister dans des combats réitérés de l'une des espèces avec l'autre (le loup avec le troupeau de bêtes à cornes) ; mais alors il faut se garder de confondre le combat direct entre les individus des espèces ennemies avec ce que Darwin appelle la lutte pour l'existence. Il faut plutôt entendre par là la concurrence qui s'établit entre les individus de chaque espèce, et qui fait que les plus forts seuls sortent vainqueurs de leurs ennemis. Là où différentes espèces concourent pour les mêmes conditions d'existence (par exemple les rats de ville et les rats voyageurs), mais non où elles luttent en ennemis sous des conditions différentes d'existence (par exemple les animaux de proie et leurs victimes), là seulement le combat sanglant entre les individus est aussi une lutte pour la vie dans le sens de la théorie de la sélection.

Ainsi définie dans le sens d'une concurrence active et passive, la lutte pour l'existence joue un rôle extraordinairement important dans tous les domaines de la nature ; M. Wigand le conteste à tort, bien qu'il remarque avec juste raison qu'indépendamment de cette concurrence active et passive par voie de fonctions et de particularités déterminées, il revient une très-grosse part au hasard, pour les circonstances qui concourent à anéantir l'excès des germes sur le nombre des individus pouvant vivre. C'est, par exemple, un pur hasard si quelques-uns des grains de semence, répartis régulièrement sur une aire déterminée, ont trouvé la nature de terrain qui convenait à leur développement ; c'est de même un pur hasard qui a placé des individus précisément aux endroits où leur vie était protégée contre une inondation générale. Mais, si on peut aujourd'hui soutenir que la nature est beaucoup trop riche pour que la lutte pour l'existence soit le seul régulateur maintenant l'équilibre entre le nombre des individus d'une espèce et le nombre de ses germes, ce n'est pas une raison de méconnaître l'importance générale et décisive de la concurrence, ou même seulement de la compter pour moins qu'elle ne vaut.

M. Wigand ne commet pas une moindre erreur quand il prétend que la seule *nécessité* d'une particularité dans la lutte pour l'existence ne suffit pas, mais qu'il faut s'occuper seulement des propriétés dont la présence ou l'absence exerce une influence *absolument décisive* sur la conservation de la vie (p. 100, 105. 7). Cela ne serait exact que dans le cas où la propriété dont il s'agit ne se transmettrait pas héréditairement, c'est-à-dire où cette propriété se rencontrerait, parmi les générations successives, dans une proportion pour cent toujours la même, que l'action prolongée de la sélection ne pourrait élever. Alors, en effet, la conservation définitive du type muni de cette propriété dépendrait de ce que tous les individus nés sans elle périraient les premiers à chaque génération. Si l'on admet, au contraire une progression croissante, quoique lente, de la proportion des individus naissant avec cette propriété, il suffit alors qu'elle soit utile et capable de se développer par la culture, car elle assure, aux individus qui en sont pourvus, de meilleures chances dans la lutte pour l'existence, et, par conséquent, peu à peu, le rapport numérique des variétés les mieux douées aux autres varie en faveur des premières, jusqu'à ce qu'enfin la propriété soit suffisamment fixée par l'hérédité, et que la variété moins bien douée ait disparu du champ de la concurrence. Il y a deux points à considérer dans la remarque de M. Wigand : d'abord que, pour toute particularité non absolument décisive, tout dépend de l'hypothèse d'une transmission héréditaire *s'établissant dans le cours du temps*; en second lieu que, *moins* une particularité a de chances de s'établir par voie de sélection naturelle, et moins elle est décisive pour l'existence, plus son utilité relative dans la lutte pour l'existence s'affaiblit.

Le darwinisme applique la théorie de la sélection à

des différences si insignifiantes, et à des particularités
d'une utilité si douteuse, ou si peu importante, qu'un
éclaircissement sur ce point est bien à sa place ici.
Par exemple c'est très-certainement une erreur que
d'étendre, comme on le fait souvent, la théorie de la
sélection aux particularités qui assurent à leur pro-
priétaire *un certain agrément*, sans néanmoins
accroître ses chances dans la lutte. La sélection naturelle pourra fixer des particularités même réellement utiles, mais d'une utilité relativement moindre,
d'autant plus difficilement que ce processus de sélection sera plus combattu et contrarié par d'autres, se
référant à des particularités plus importantes ou absolument décisives. En effet, la présence ou l'absence
des propriétés importantes décidera d'avance la victoire ou la défaite dans la lutte pour l'existence, et.le
nombre des germes sera réduit dans une proportion
correspondant aux conditions de vie. En sorte que les
propriétés moins importantes ne viendront concourir
à la sélection qu'en dernier lieu, lorsque le type nouveau, fixé quant aux propriétés plus importantes,
sera adapté aux nouvelles conditions d'existence et
offrira, par suite, prise à un nouveau travail de sélection d'après de nouveaux caractères. Mais ce frac-
tionnement, dans la durée du processus de sélection,
pour les propriétés diverses qui constituent un type
nouveau, n'est pas d'accord avec nos expériences.
Dans le transformisme graduel, en effet, aussi bien
que dans l'apparition brusque d'une variété typiquement différente, tous les caractères constitutifs se
présentent comme *intimement liés*, et, dans la transformation, marchent de concert les uns avec les
autres.

D'après cela, l'on devra admettre que, dans la modification des conditions vitales, ce sont seulement les propriétés importantes et caractéristiques qui sont soumises à l'influence directe de la sélection naturelle ; par contre, les propriétés moins importantes, celles de pur agrément ou de nulle utilité, se modifient en même temps que les premières seulement en vertu de la loi de corrélation (c'est-à-dire suivant une loi d'évolution interne concordante). Par cette considération, que les darwiniens eux-mêmes acceptent de plus en plus, le rôle de la sélection naturelle est restreint notablement au domaine qui lui est propre, et cela en faveur de la loi de corrélation qui, bien qu'acceptée par Darwin comme principe auxiliaire, conduit indirectement à une notion opposée au darwinisme.

Nous arrivons au même résultat en partant d'un autre point, savoir de la considération de la dépendance réciproque des caractères et de leur action modificative mutuelle. De ce que, d'après notre expérience, on n'observe point, dans la formation naturelle des variétés, de transformation successive des différents caractères, on ne serait pas toujours fondé à exclure la possibilité de cette transformation, telle que Darwin l'admet en réalité (formation des espèces); mais, si les caractères constitutifs d'un type sont tellement reliés entre eux que chacun d'eux soit nécessaire ou utile *seulement dans l'hypothèse des autres*, alors l'impossibilité de leur apparition successive est démontrée, et il est prouvé jusqu'à l'évidence que les caractères exercent déjà *la même action modificative* pendant les diverses phases de leur formation, aussi bien que dans le type parfait. Mais ceci n'est possible que s'ils se sont développés de concert et parallèlement, dans une concordance régulière.

Ainsi, par exemple, la formation des dents, d'un animal quelconque, n'a de raison d'être et de nécessité que dans l'hypothèse d'une nature déterminée de l'appareil digestif, et réciproquement; la sélection naturelle n'a donc pu agir sur l'une sans agir en même temps sur l'autre, dans une proportion correspondante. Mais, si elles se sont toutes deux formées ensemble, elles doivent être comme les effets coordonnés d'une seule et même cause, et celle-ci ne peut plus être la nécessité dans la concurrence vitale. Car chacun des caractères, pris isolément, n'est utile que dans l'hypothèse où l'autre existe déjà, et même leur association ne peut être considérée comme utile que par rapport aux appétits instinctifs de l'espèce pour une alimentation déterminée, et par rapport à d'autres conditions d'existence qui, elles-mêmes, peuvent être tenues pour utiles à l'organisation adoptée.

Mais qu'on réunisse en bloc la structure des dents, les particularités de l'appareil digestif et les appétits instinctifs, on serait tout à fait hors d'état de conclure qu'il soit plus utile d'être carnivore qu'herbivore ou réciproquement. La sélection naturelle et la lutte pour l'existence ne trouvent donc ici aucune application; car, pour l'individu isolé, il n'entre en jeu aucune considération de nécessité; il s'agit plutôt, dans ce cas, de la totalité du plan de création qui se réalise, dans l'individu isolé, par une loi d'évolution interne. Si donc, en pareil cas, le développement de caractères réciproques doit conserver un rôle dans la sélection naturelle, il ne peut que se restreindre d'abord à protéger le type spécial déjà obtenu par l'évolution interne (le ruminant, par exemple) contre une détérioration (celle que pourraient produire les imperfections du système dentaire ou de la digestion); et ensuite à l'améliorer dans ses nuances plus délicates (pour la dentition par rapport à la digestion ou inversement), en supposant que ces nuances, plus délicates, puissent peser encore d'un poids suffisant pour déterminer la victoire ou la défaite dans la lutte pour l'existence.

L'impossibilité d'admettre la lutte pour l'existence comme le principe déterminant la nécessité, se manifeste d'une façon encore beaucoup plus éclatante, dans les cas où les particularités s'impliquant l'une l'autre se trouvent, non pas réunies dans le même individu, mais réparties entre différentes espèces, peut-être sur différentes régions de l'organisation. Nous trouvons un exemple de ce genre dans les fleurs contenant des sucs agréables, fécondées par des insectes, et les dispositions du corps et des organes de succion chez les espèces d'insectes considérées. Aucune d'elles n'est utile en elle-même et par elle-même; elle ne vaut que dans l'hypothèse de la propriété corrélative; aucune donc n'offre un avantage dans la lutte pour l'existence, si la disposition correspondante de l'autre partie n'est pas supposée déjà donnée. Un allongement de la trompe, par exemple, n'est utile aux insectes, que dans l'hypothèse d'un accroissement préalable dans la profondeur du calice des fleurs; une profondeur plus grande du calice doit, au contraire, nuire évidemment à la fécondation et, par conséquent, doit être contrariée par la lutte pour l'existence, tant qu'on n'admet pas antérieurement un allongement de la trompe de l'insecte considéré. Nous sommes donc forcés d'admettre la marche rigoureusement parallèle des deux modifications.

Mais, si l'on suppose une transformation simultanée d'une espèce de plante en une autre à calice profond (par exemple du *trifolium incarnatum* en *trifolium pratense*) et d'une espèce d'insectes en une autre à trompe plus longue (par exemple de l'abeille en bourdon, cf. Darwin, Formation des espèces), il ne pourra plus être question de l'utilité individuelle dans ce processus vu d'ensemble, car on ne peut dire que le bourdon et le *trifolium pratense* soient des formes plus utiles ou plus vivaces que le *trifolium incarnatum* et l'abeille, pas plus qu'on ne peut tenir en général les espèces de plantes fécondées par les insectes comme mieux armées dans la vie que celles qui se fécondent elles-mêmes, ou qui sont fécondées par le vent.

Par analogie avec les modifications qui se produisent parallèlement dans un seul et même individu, on pourrait se croire fondé à substituer à la lutte pour l'existence le processus d'une loi d'évolution corrélative ; mais, si une loi semblable de corrélation, dans l'ignorance de la finalité harmonique agissant à chaque instant, pouvait être admise entre les différentes parties d'un même individu, au moins avec l'apparence de la possibilité au sens matérialiste, cette possibilité elle-même est exclue par la répartition des modifications corrélatives entre différentes espèces. Tandis que l'harmonie idéale de la création, dans son évolution régulière sur des domaines de l'organisation strictement séparés, apparaît ici avec évidence, il est évident d'autre part que la loi de corrélation, par rapport aux modifications sympathiques sur un individu isolé, doit s'entendre dans le même sens. Mais, dans ce cas comme dans le précédent, il n'y a pas lieu d'exclure une certaine collaboration auxiliaire de la lutte pour l'existence. Elle trouvera plutôt une place : d'abord en conservant le terrain acquis à chaque pas de l'évolution corrélative et, en second lieu, en aidant à une portion du processus d'évolution corrélative qui peut fortuitement rencontrer, dans les circonstances extérieures, une plus forte résistance et, par suite, souffrir un retard plus grand que l'autre.

L'application du principe de la lutte pour l'existence doit être restreinte encore davantage, dans tous les cas où une modification apparaît, il est vrai, comme utile, mais seulement lorsqu'elle a atteint un degré considérable. Une grande partie des particularités qui accroissent les chances dans la lutte pour l'existence se réduisent à des modifications minimes, comme, par exemple, la santé, la force et la vitesse, la longueur relative des racines des plantes, ou des pattes des oiseaux de marais, ou du cou de la girafe, ou enfin la finesse des organes des sens. Mais il y a, en nombre assez respectable, d'autres particularités qui n'apparaissent comme utiles que quand elles ont dépassé un certain degré de développement. Ainsi, par exemple, les vrilles d'une plante grimpante ne peuvent servir à quelque chose que quand elles ont atteint une certaine longueur, qui leur permet de se cramponner à des rameaux minces ; au dessous de cette longueur, elles sont un fardeau inutile pour la plante en question, et, par conséquent, dans ces premiers stades de leur développement, ne peuvent donner aucune aide dans la lutte pour l'existence. Un autre exemple est fourni par les fanons de la baleine, qui ne peuvent être utiles à l'animal que s'ils sont assez longs pour fermer l'ouverture de la bouche, et servir à filtrer ainsi l'eau qui entre. Un exemple très-frappant, c'est la disposition du même côté des deux yeux chez les poissons plats et la *mimicry* (imitation). Darwin admet

(Formation des espèces) que l'habitude de loucher a imposé aux parties osseuses flexibles des jeunes poissons plats un déplacement considérable ; mais ce déplacement ne pouvait être utile qu'à partir du moment où l'œil primitivement dessous est venu tout à fait dessus, de façon à ne plus pouvoir regarder le fond de la mer. Jusque-là, le déplacement ne pouvait être considéré comme utile, et, par conséquent, ne pouvait offrir aucun avantage dans la lutte pour l'existence. Mais, si les jeunes poissons plats ont la faculté, au moyen du déplacement des os du crâne par le mouvement volontaire des muscles, de faire dévier l'œil gauche ou l'œil droit d'un angle de 70° de sa position normale, jusqu'à ce que plus tard ce déplacement se fixe, cette faculté semble elle-même si inusitée qu'elle a besoin d'une explication particulière qui, pour la même raison, ne peut être fournie par la sélection dans la lutte pour l'existence. De même les espèces qui, par l'imitation extérieure de l'*habitus* des espèces mieux armées, ont acquis de meilleures chances dans la lutte pour l'existence, n'ont pu tirer profit de cette imitation (mimicry) qu'à partir du moment où la ressemblance avec les espèces mieux armées a été assez grande pour tromper les yeux perçants de leurs ennemis.

On peut facilement multiplier ces exemples d'une façon notable, en cherchant dans le domaine de l'instinct. Si l'on admet que la modification est arrivée d'un seul coup, par voie de génération hétérogène, au degré où elle est utile, on comprend très-bien qu'elle ait pu aider, dans la lutte pour l'existence, à la conservation ou au développement de la nouvelle forme. Mais si, comme le fait le darwinisme dans tous les cas de ce genre, on s'en tient à une transformation graduelle, il est évident qu'avant que la modification n'atteignît le degré où elle est utile, il faut faire entrer en jeu, pour expliquer la sommation des variations, un principe autre que la sélection naturelle dans la lutte pour l'existence ; et alors on ne verrait pas facilement pourquoi cet autre principe d'explication, au moment où la modification commence à devenir utile, perdrait brusquement sa vertu pour faire place à un principe nouveau. En tous cas, même dans ceux auxquels s'applique la théorie du transformisme, la lutte pour l'existence ne peut jouer qu'un rôle auxiliaire, non un rôle déterminant, et encore moins décisif, à lui tout seul.

Dans certaines circonstances, il peut se présenter des variations très-petites, ayant une utilité réelle, sans qu'on puisse les attribuer à une sélection par voie de lutte pour l'existence. La sélection doit être laissée de côté, par exemple là où les conditions d'existence se présentent avec une abondance telle que la vie est possible, non-seulement pour les individus le mieux organisés, mais aussi pour les individus moins bien doués. Ce cas se présente, par exemple quand un animal de proie, dont la reproduction n'est pas très-rapide, a, à sa disposition exclusive, sans concurrence au même endroit avec d'autres animaux de proie, de très-riches troupeaux de gibier qui se reproduisent très-vite. Les individus de cette espèce les moins forts et les moins rapides seront bien pourvus, et aucune sélection ne s'établira entre eux.

Si une corolle de fleur plus grande et plus colorée peut être obtenue par suite de la lutte pour l'existence, l'espèce des insectes fécondants peut être assez nombreuse pour assurer aussi la fécondation des fleurs moins brillantes.

Les rapports numériques réclamés par la théorie de la sélection, dans l'hypothèse de la lutte pour l'existence, sont donc assez fréquemment contredits par la réalité; au moins, dans chaque cas particulier, il est nécessaire de s'assurer si cette hypothèse peut être admise.

Ce qui est plus important que tout ce qui précède, pour déterminer le domaine où s'exerce réellement l'action de la sélection naturelle dans la lutte pour l'existence, c'est la différence, expliquée déjà dans le premier chapitre, entre les caractères physiologiques et morphologiques ; c'est aussi le fait que les premiers ont séuls une utilité essentielle pour l'individu, tandis que les seconds servent de base pour décider la place d'une espèce dans un système, et le passage d'un degré inférieur à un degré supérieur d'organisation. Dans un type morphologique donné, par la modification des rapports de grandeur, de la forme des parties, aussi bien que par la modification de la constitution chimique des tissus et des cellules, on peut obtenir une variété extraordinaire dans les moyens d'adaptation aux diverses nécessités physiologiques, et, par conséquent, en essence, tout type morphologique, toute combinaison de conditions d'existence, peut trouver son explication dans une simple adaptation de l'activité physiologique de ses termes et de ses organes morphologiques.

L'expérience confirme que, à tous les degrés, à tous les ordres du règne organique, les différents types morphologiques s'adaptent assez bien aux diverses conditions d'existence, dans le climat des pôles ou des tropiques, dans la mer et les fleuves, dans l'air, sur la terre, les marais, les déserts, etc.. En d'autres termes, tous les types morphologiques principaux que nous connaissons se montrent également utiles, ou également indifférents, au point de vue de l'adaptation aux conditions d'existence. En premier lieu, dans le type des rayonnés, particulièrement dans les degrés supérieurs, les différences morphologiques les plus délicates commencent à se montrer dans le cycle du type fondamental, d'une façon très-sensiblement indépendante des destinations physiologiques, ou même plutôt relativement contraire à ces destinations. Mais, précisément parce qu'il s'agit ici surtout et seulement de différences morphologiques *délicates*, on ne peut pas, en pareille matière et par des considérations de ce genre, tirer des conclusions sur les rapports généraux qui existent entre les caractères physiologiques et morphologiques. Or, c'est principalement par des conclusions de ce genre que Darwin et les naturalistes de son école se sont laissés entraîner à attribuer, à la sélection naturelle, une portée beaucoup plus grande que celle qui lui revient en réalité. Dans les animaux inférieurs et chez les plantes, au contraire, on constate une indifférence, tout à fait surprenante, des organes morphologiques, par rapport aux destinations physiologiques qui leur sont attribuées.

La chose est surtout manifeste dans les organismes monocellulaires qui, par des modifications purement chimiques et très-légères, peuvent s'accommoder aux fonctions les plus variées. Les caractères morphologiques systématiques les plus importants dans les plantes supérieures, par exemple la disposition des feuilles opposées ou en spirale, le nombre des trois, quatre ou cinq organes de la fleur, la disposition des graines, la courbure des *radicula* chez les crucifères, les bords tranchants ou émoussés des ombellifères, la structure, la coloration, le dessin caractéristique de beaucoup de graines, ne présentent aucune utilité pour accroître les chances de succès dans la lutte pour l'existence. Tous les caractères systématiquement importants, mais physiologiquement indifférents, en sont là. Cette impossibilité de placer l'utilité à l'origine de la forme est encore plus certaine, là où le caractère spécifique est fondé, non sur une différence de l'organe considéré, mais sur une particularité de l'histoire de sa formation, par exemple, sur l'ordre variable suivant lequel se développent ses parties [1].

Les modifications qui accroissent les chances de succès dans la lutte pour l'existence sont, presque toujours, d'un ordre purement physiologique, savoir :

(a) modifications *chimiques* (coloration, et composition des sucs des plantes, sucre, huiles essentielles, amygdaline, etc.);

(b) modifications *anatomiques* (pelage, texture musculaire, épaisseur des parois cellulaires);

(c) *agrandissement* de toute la plante ou de quelques-unes de ses parties sans altération essentielle de la forme générale;

(d) *altération* dans les fonctions *périodiques* (frondaison, floraison, fructification, durée de la vie).

Ces quatre sortes de modifications suffisent essentiellement pour l'adaptation des organismes aux diverses conditions de la vie; ainsi, par exemple, la sélection naturelle agira en faveur des gros animaux à long poil dans les climats qui se refroidissent; en faveur des plantes à racines profondes et subdivisées

---

1. Ainsi, par exemple, les espèces de navet se distinguent les unes des autres et des espèces de *Potentilla* et *Fragaria* par la succession dans la première apparition des étamines.

si la sécheresse augmente, et pèsera ainsi d'une influence proportionnelle sur la distribution géogra-
phique des plantes et des animaux. Mais toutes ces
adaptations aux conditions variables de la vie n'altè-
rent en rien le type morphologique.

Si Darwin, dans ses tentatives de sélection artificielle, prétend avoir constaté des modifications morphologiques corrélatives dans le squelette des pigeons, il doit, même dans ce cas qui certainement
n'est pas applicable sans restrictions à la sélection naturelle, s'appuyer sur la loi de corrélation, que nous
connaissons déjà comme une loi d'évolution interne,
par opposition aux principes d'explication externe et
mécanique invoqués par Darwin. Donc, si les Darwiniens, mis au pied du mur avec leur principe de
sélection, se sont toujours ouvertement appuyés sur
la loi de corrélation régulière (dans le sens d'une
modification morphologique provoquée sympathique-
ment par des modifications physiologiques d'adaptation), non-seulement ils sont tenus de faire la preuve
de cette corrélation, qui devrait être fournie dans tous
les cas en raison de la différence des deux sphères,
mais encore ils sont amenés à adopter un principe
complétement opposé à leurs tendances primitives.
Dans les processus naturels qui se déroulent à portée
de notre expérience, nous ne voyons jamais en réalité une transformation morphologique dépassant le
type spécifique, soit directement par voie de sélection des modifications utiles dans la lutte pour l'existence, soit indirectement par une marche corrélative
à de semblables processus de sélection. Sous nos yeux,
la nature procède toujours par de simples adaptations
qui se restreignent à des variations physiologiques,
dans l'intérieur du cadre de l'espèce.

Il doit donc y avoir, pour expliquer la transition d'un type morphologique à un autre, un principe d'explication autre que la sélection des formes appropriées à la lutte pour l'existence, et le principe de sélection-doit apparaître d'autant plus insuffisant qu'il s'agit d'expliquer des différences morphologiques plus considérables. Nous nous voyons ici impérieusement ramenés à une loi d'évolution interne, que la lacune entre un type et un autre type doive être comblée par voie de génération hétérogène, ou par voie de transformisme graduel et régulier. Si l'espèce a épuisé sa puissance d'adaptation dans la lutte pour l'existence, et si les conditions de la lutte se modifient encore dans le même sens, l'espèce disparaît simplement de la localité, et, à sa place, viennent d'autres espèces des contrées voisines, déjà en possession de conditions d'existence analogues. Tel est le résultat expérimental de la lutte pour l'existence ; donc, si une nouvelle espèce vient à surgir des anciennes, il faut un autre principe d'explication que la sélection par la lutte pour l'existence, une impulsion interne déterminant la transformation. S'il se crée alors une nouvelle espèce appropriée au milieu nouveau, on comprend qu'elle chasse et remplace l'ancienne moins adaptée qu'elle, comme, dans d'autres cas, le fait une espèce nouvellement introduite dans le pays.

L'insuffisance du principe utilitaire apparaît avec un éclat tout particulier dans la considération du progrès de l'organisation, telle qu'elle se déroule sous nos yeux à grands traits dans l'arbre paléontologique.

Il s'agit ici d'une série de degrés dont chacun, au point de vue de l'utilité pour la vie individuelle, est également parfait, mais dont chacun, sous le rapport de la modalité de sa formation vitale et de la hauteur correspondante de l'organisation, montre un progrès par rapport au précédent. Darwin a interverti la perfection de l'adaptation au milieu donné, la perfection dans l'ascension et le développement de la vie même, et le perfectionnement utilitaire de l'organisation. L'importance de l'idée d'utilité qui ne s'applique qu'au premier genre de perfection, il l'a exagérée sans mesure par rapport aux autres idées qu'il met si vivement en lumière [1].

Au fond le Darwinisme est ici (comme dans son alliance d'une sorte de déisme avec une conception mécanique du monde) un produit de son temps et de son pays; il représente l'*utilitarisme* dans les sciences naturelles, au même titre que John Stuart Mill dans la philosophie pratique et dans la théorie de la connaissance. Darwin lui-même montre à quel point l'utilitarisme est peu propre à expliquer la marche progressive de l'organisation, quand il demande quels avantages un infusoire, un ver intestinal ou même un ver de terre pourraient tirer d'une organisation supérieure? Ici l'utilité et le degré d'organisation sont placés immédiatement à côté l'un de l'autre, et il saute aux yeux qu'ils n'ont rien à faire ensemble [2].

1. M. Wigand fait comprendre les deux sortes de perfection par l'exemple d'une horloge. L'horloge possède la perfection d'adaptation à son but, quand ses organes simples, essentiels, sont construits sans défauts; elle possède au contraire la perfection d'organisation quand elle donne non-seulement les heures, mais les minutes, les secondes ou même les phases de la lune et le cours des planètes, ou si elle a une sonnerie, un appareil à répétition, un réveil, etc.

2. Darwin est ici au moins assez honnête pour avouer ouvertement la contradiction de ses théories avec les faits, quoique plus loin il cherche à en affaiblir la portée en invoquant notre ignorance, etc. Mais il accorde que, même dans une catégorie plus considérable (celle des poissons, par exemple), il n'y a aucune concurrence entre les divers degrés d'organisation. Certains darwiniens, pourtant, placent

L'exclusion du point de vue utilitaire et de la perfection d'adaptation détruit aussi la possibilité que la sélection, par voie de lutte pour l'existence, puisse concourir à élever la perfection de l'organisme, toutes les fois que cette perfection supérieure ne se rapporte pas aux considérations d'utilité [1].

Si Darwin avait poussé jusqu'au bout les conséquences de cette idée, il serait arrivé à la conclusion que l'utilité ne forme qu'un moment subordonné de la téléologie, qu'elle embrasse, purement et simplement, le domaine des moyens nécessaires pour satisfaire des besoins qui résultent des destinées individuelles déjà fixées téléologiquement. En sorte que le principe d'explication reposant sur l'utilité ne peut jamais jouer qu'un rôle secondaire, qui s'exerce, dans le cadre d'autres principes (réellement téléologiques), par les destinées individuelles et le degré d'organisation. La lutte pour l'existence et, avec elle, toute la

les conséquences d'une théorie étendue au-delà de ses limites au-dessus de la réalité, et admettent que, par exemple, les poissons d'organisation inférieure sont constamment détruits par les poissons supérieurs dans lesquels ils se transforment, mais que les vides sont constamment comblés par les nouvelles générations qui proviennent des vers. Si cette vue était exacte, toutes les formes de transition de toutes les espèces encore vivantes se montreraient constamment comme les moments de ce *processus*, et seraient accessibles à notre expérience ; car la nécessité des formes intermédiaires, au milieu desquelles nous nous trouvons, serait tout à fait inexplicable.

1. Si l'on peut trouver une relation quelconque entre le degré d'organisation et d'utilité, cela ne peut être que la relation *négative* que toute organisation plus élevée, et partant plus compliquée, offre plus de prise aux dommages et aux altérations, et, par suite de cette impressionnabilité, de cette délicatesse plus grande, peut être un désavantage. Il en résulterait que l'utilité et la théorie de la sélection peuvent développer une influence négative qui devrait être surmontée encore, indépendamment des autres résistances, par le mouvement ascensionnel positif de l'organisation.

sélection naturelle, sont, pour l'idée directrice, de simples auxiliaires qui doivent, dans sa réalisation, s'acquitter de services inférieurs, comme de tailler et d'adapter les pierres mesurées et typiquement déterminées d'avance par l'architecte suivant leur place dans un grand édifice. Considérer la sélection résultant de la lutte pour l'existence comme étant, en essence, un principe d'explication suffisant de l'évolution du règne organique, ce serait comme si l'on voulait prendre, pour l'architecte de la cathédrale de Cologne, le manœuvre qui travaille avec d'autres à mettre à leur place les pierres de cet édifice.

Que l'idée puisse se réaliser sans cet auxiliaire, c'est ce qui est prouvé dans tous les cas où la sélection par voie de lutte pour l'existence ne donne aucune prise à l'utilité, ou est exclue pour d'autres raisons. On trouve des exemples frappants de l'exagération du principe de sélection partout où un résultat qui, dans un cas, se produit avec le concours de la lutte pour l'existence, est obtenu par la nature exactement le même ou très-semblable dans d'autres cas, en l'absence incontestable de ce principe d'explication. Il en est ainsi de la dimension et de la coloration brillante des fleurs ayant du nectar (qualités par l'appât desquelles sont attirés les insectes fécondants et qui servent dans la lutte pour l'existence) ; c'est un des exemples le plus universellement admis de l'efficacité du principe de sélection ; cependant, beaucoup de plantes qui n'ont point de nectar et ne peuvent point attirer d'insectes, possèdent une fleur très-visible. M. Wigand prétend même qu'il y a des plantes chez lesquelles, malgré la présence de fleurs très-visibles et la formation du nectar, la fécondation ne peut avoir lieu par l'intermédiaire d'insectes. On trouve un autre exemple dans les sutures crâniennes qui sont utiles chez les jeunes mammifères (à cause de la facilité qu'elles donnent aux os du crâne de se déplacer pendant la parturition), mais qui, chez les oiseaux et les reptiles naissant d'un œuf, ne servent à rien ; de même du développement spontané de la coloration rouge à l'extrémité de la cicatrice des fleurs de noisetier fécondées par le vent.

Mais quand, de semblables exemples, M. Wigand tire la conclusion que le principe de sélection, même dans les autres cas où il paraît s'appliquer aux circonstances, doit être écarté pour assurer l'unité d'explication du même groupe de phénomènes, cette conclusion me paraît exagérée. On peut dire seulement qu'un principe unique d'explication (une loi d'évolution interne) forme, dans tous les cas, la base des phénomènes, et que la sélection par voie de lutte pour l'existence, dans les cas où elle s'applique, ne joue qu'un rôle secondaire, auxiliaire et accessoire. Très-souvent dans la nature, plusieurs principes concourent à expliquer un phénomène concret, et c'est une erreur complète que d'entendre l'unité d'explication dans le sens de l'exclusion d'une semblable coopération. D'autre part, on ne peut exclure la sélection par voie de lutte pour l'existence, dans les cas où sont réunies toutes les conditions nécessaires à son fonctionnement; autrement la nature ne pourrait se préserver de sa coopération, si elle avait oublié de compter sur elle dans le plan de création. La vérité est que l'entrée en jeu de la sélection naturelle et le concours qu'elle apporte à l'évolution du règne organique sont, dans le plan de création, un véhicule technique de la réalisation de l'idée, ou, comme j'ai dit dans la *Philosophie de l'Inconscient,* un mécanisme auxiliaire.

c. — Variabilité.

Nous arrivons au second des trois facteurs concourant à la sélection naturelle, à la variabilité. Si la sélection par voie de lutte pour l'existence peut agir, il doit y avoir des formes, plus ou moins différentes, d'utilité plus ou moins grande, qui concourent ensemble. La cause de la présence de formes organiques différentes, c'est la variabilité.

Darwin a une tendance à présenter la sélection naturelle comme un *processus* purement mécanique; il lui suffit donc que les modifications au type actuel, qui se produisent de jour en jour par la génération, résultent, non pas de phénomènes réguliers d'évolution, mais de causes purement fortuites. Mais comme les directions dans lesquelles agit le hasard sont absolument indéterminées, la variabilité résultant du hasard doit être aussi indéterminée pour le sens des modifications, ou, en d'autres termes, il ne peut y avoir un sens des variations privilégié par rapport aux autres. On ne peut excepter que les cas dans lesquels il s'agit de l'influence directe de circonstances extérieures sur les individus déjà produits, principe d'explication qui sort déjà du cadre de la sélection naturelle, laquelle ne s'applique qu'aux variations produites dans la génération. La variabilité produite dans la génération devrait donc être une variabilité indéterminée, régulièrement répartie entre toutes les directions possibles; c'est seulement si cette condition est remplie, c'est-à-dire si aucune des variations possibles, quelle qu'elle soit, n'est exclue ou trop insuffisamment représentée, que la variabilité offre les garanties suffisantes pour que la variante nécessaire à l'adaptation parfaite ne fasse pas défaut dans les conditions d'existence données. C'est dans ce cas seulement que la variabilité, en excluant une loi d'évolution interne et les variations qui en découlent logiquement, est une hypothèse suffisante pour expliquer la présence des adaptations nécessaires, réclamées par la lutte pour l'existence.

La seconde condition que doit remplir la variabilité pour jouer le rôle qui lui est assigné dans la théorie de la sélection de Darwin, c'est qu'elle ne soit pas limitée en elle-même et par elle-même, et que les limites à son extension dans une direction déterminée soient simplement le fait d'obstacles extérieurs ; car c'est seulement si la variabilité est illimitée qu'elle offre la garantie que, dans l'hypothèse darwinienne du transformisme graduel par la lutte pour l'existence, tout type, si éloigné soit-il du point de départ, peut arriver à sa réalisation. Si l'une de ces deux hypothèses de Darwin, et à *fortiori* toutes deux, se présentent comme insoutenables, les deux colonnes qui soutiennent son concept mécanique de l'évolution organique s'écroulent du même coup.

Et, en fait, par un examen approfondi, toutes deux apparaissent comme des hypothèses arbitraires également insoutenables, non-seulement dépourvues de toute confirmation dans le domaine empirique mais désavouées directement par nos expériences d'une façon incontestable, car tout prouve, au contraire, que la variabilité se produit seulement dans des voies parfaitement déterminées, dans des directions assez restreintes par rapport à la masse indéfinie des possibilités, et que ce mouvement se présente, nullement comme une *expansion* sans limite, mais comme une *ondulation* autour du centre du type normal. Dans ces hypothèses correspondant à l'expérience, telles que, par exemple, Nageli, Hofmeister et Askenasy les ont adoptées, la théorie de la sélection prend naturellement un rôle tout différent de celui que lui a assigné Darwin ; elle devient alors un principe d'explication qui repose sur la base d'une variabilité dirigée et limitée suivant un plan, et, par suite, pour son développement, suppose une loi téléologique d'évolution interne dont l'action ne s'étend pas plus loin que l'adaptation physiologique de types une fois donnés morphologiquement à la multiplicité des conditions de la vie. Nous avons déjà reconnu précédemment que la sélection par la lutte pour l'existence n'était qu'un principe auxiliaire, qui suppose un autre principe d'explication agissant de dedans en dehors ; nous trouverons, dans la question actuelle, une confirmation pure et simple du résultat précédent, en même temps qu'une détermination plus précise de la région où ce principe d'évolution interne, qui prend à son service la sélection par voie de lutte pour l'existence, trouve son point d'appui, notamment dans la détermination logique de la direction de la variabilité et de sa limitation téléologique.

Si la variabilité pouvait s'exercer indistinctement dans toutes les directions, bien que, dans la nature libre les variations *utiles* puissent seules s'ajouter et se fixer, elle pourrait être produite dans tous les sens par l'élevage artificiel ; car l'éleveur est libre de choisir le sens et l'intensité des modifications qu'il veut obtenir. On pourrait donc soutenir à *priori* à l'éleveur que, par suite de la variabilité indéterminée admise par Darwin, il lui est possible de tirer de toute souche primitive une variété à son choix, avec la seule restriction que la modification demandée ne puisse compromettre la possibilité d'existence de la forme en question à un degré tel que les conditions favorables, offertes à la vie par l'élevage artificiel, soient impuissantes à compenser les inconvénients. Cette conséquence est contredite par l'expérience. « L'éleveur n'oserait tenter d'obtenir une variété culbutante de la poule, ou un pigeon à éperon, un pigeon jaune, un pavot de jardin à fleur jaune, une calebasse ou une orange bleue, un raisin jaune, une *lentifolia* jaune, parce que la nature ne produit pas ces modifications (Wigand), c'est-à-dire parce que ces directions sont fermées à la variabilité.

« Même dans les familles et les espèces les plus variables, la carotte, la rose, la menthe, la pyra, la columba, le nombre des formes ne dépasse pas certaines limites, bien qu'on fasse entrer en jeu des caractères très-subordonnés », et toutes les formes obtenues, rangées suivant leur ressemblance, ne présentent nullement un chaos, comme ce serait dans le cas d'une variabilité indéterminée, mais « un système de classification nettement défini, un système naturel en petit » (cf. la liste des formes de la *Neritiva virginea*). Aucun signe n'y montre que les lacunes de la parenté réticulaire de formes semblables puissent être comblées plus tard par la variabilité indéterminée, ou éliminées en partie par la sélection dans la lutte pour l'existence, car, dans un grand nombre de cas il s'agit d'un détail de ligne ou de coloration ; la lutte pour l'existence n'y pourrait trouver aucun élément de sélection. Nous devrions admirer plutôt précisément, dans cette exclusion d'un chaos indéterminé, dans la

direction qualitativement déterminée de la variabilité, « une richesse de plans, une imagination créa-
trice de la nature. » La direction, quantitativement
déterminée, de la variabilité apparaît nettement, surtout dans la production de ces variétés qui se présentent comme des types dimorphes ou polymorphes
d'une espèce (dans un sens plus étendu, différences
des sexes).

Leur nombre, constamment réduit à deux ou trois
types polymorphes, amène à conclure que, dans la
formation des variétés habituelles, le nombre des directions de variation, bien que mesuré d'une façon
moins restreinte, est cependant toujours limité, assez
étroitement même, et nullement indéterminé. Nous
voyons donc que, dans les limites de nombre de va-
riantes, sont représentées aussi bien les formes
utiles, s'expliquant par l'adaptation aux conditions
modifiées de la vie, que celles qui servent au progrès
logique de l'organisation. Nous sommes donc nécessairement amenés à considérer la variabilité, non
comme le simple résultat de différences fortuites
dans les circonstances intérieures ou extérieures du
processus de formation, mais, en essence, comme
une tendance à la variation dans des directions téléologiquement déterminées, tendance interne, spontanée, soumise à une loi. Darwin lui-même avoue,
dans les dernières éditions de la *Formation des
espèces*, avoir *exagéré* « la fréquence et l'importance
des modifications résultant de la variabilité *spontanée*, ce qui ne l'empêche pas de chercher à maintenir l'exactitude de son principe de sélection avec
variabilité *indéterminée*. En tout cas la concession
faite par Darwin d'une variabilité spontanée est assez
importante, surtout si on la rapproche de sa concep-

tion que la sélection naturelle se réduit à des caractères *adaptifs*, d'où l'on peut inférer qu'*au moins* pour la formation de tous les caractères qui ne peuvent être considérés comme adaptifs, il faut avoir recours à la variabilité spontanée.

Mais, dans les limites mêmes des directions déterminées de variations, la variabilité n'est pas du tout illimitée quantitativement ; c'est ce qui est aussi incontestable. Tout éleveur sait que les premiers degrés de modifications sont les plus faciles à obtenir ; que tous les degrés suivants sont d'autant plus difficiles à franchir qu'ils s'écartent davantage du type normal ; et que tout processus d'élevage artificiel, dans une quelconque des directions ouvertes par la nature, arrive à une limite où toute tentative de pousser plus loin devient inutile [1].

Ces faits seraient entièrement inexplicables si, à chaque niveau fixé par l'élevage artificiel, entrait en jeu une variabilité indéterminée, sans relation avec le degré de changement déjà obtenu. Ils s'expliquent seulement dans l'hypothèse que la tendance interne à la variation diminue proportionnellement à l'éloignement du type normal, et, par suite, que la tendance au retour vers ce type, agissant en sens contraire, rencontre toujours moins d'obstacles, de telle sorte, en définitive, que tout effort de la sélection artificielle se trouve en lutte avec la tendance régressive, pour fixer le niveau extrême de la modification obtenue.

Si on transporte ces expériences de la sélection

---

1. Ainsi, par exemple, depuis 1852, on n'a pu obtenir aucun développement nouveau dans les dimensions des groseilles à maquereau, bien qu'on ne voie pas pourquoi elles ne deviendraient pas aussi grosses qu'une citrouille, si la variabilité n'était pas intérieurement limitée.

artificielle à la sélection naturelle, on voit que là aussi, la tendance à la variation, réunie aux effets de la lutte pour l'existence, ne peut pousser la modification que jusqu'à une certaine distance de la forme originelle. A l'instant où la tendance à pousser plus loin dans la même direction devient assez faible pour que la sélection par voie de lutte pour l'existence n'aboutisse qu'à éliminer les variations régressives, la forme doit demeurer immobile. Cette image correspond à nos expériences directes sur la nature. Aussi loin que la sélection naturelle n'entre pas en jeu, la variabilité, dans les limites de l'espèce, équivaut à un mouvement ondulatoire qui consiste en détours et en zigzags autour du type normal de l'espèce, vers lequel elle tend toujours à revenir après chaque modification. Mais sitôt que, par la modification des conditions vitales, le principe de la sélection entre en jeu, il fixe une variation adaptée aux conditions nouvelles pour la durée de ces conditions, mais qui, comme un pendule, revient au point de départ dès que les conditions vitales changent de nouveau, même pour se rapprocher des anciennes.

Si l'on veut citer une modification du type dans ses rapports morphologiques d'organisation, on ne peut nullement, comme nous l'avons vu plus haut, recourir à la sélection naturelle, et, dans la plupart des cas, l'application de la théorie du transformisme succombe sous des considérations d'un grand poids, décisives à plus d'un titre ; alors, naturellement, la variabilité ne peut jouer le rôle qu'on lui attribue dans le transformisme ; à sa place vient la production par intermittence d'une nouvelle variété, espèce ou famille. De pareils moments qui, peut-être, devraient être considérés comme l'interruption brusque d'une tendance

à la variation alternativement faible et violente, et qui
forment le passage à un nouvel état d'équilibre de la
variabilité, s'écartent naturellement tout à fait de la
variabilité sans détermination et sans limites de
Darwin. Ils se rattachent à un autre ordre d'idées
que le concept purement mécanique, c'est-à-dire au
même groupe de phénomènes d'évolution interne, où
il faut ranger ce que Darwin appelle la variabilité
spontanée.

d. — L'hérédité.

Nous avons enfin à consacrer un court examen au
troisième facteur de la sélection naturelle : l'hérédité.
L'hérédité doit servir à conserver, pour les générations ultérieures, la modification utile obtenue par
une génération dans la lutte pour l'existence, et à fixer
un niveau nouveau pour la variabilité indéterminée.
Pour que l'hérédité puisse agir dans ce sens, elle doit
être entendue spécialement comme la transmission
héréditaire des caractères individuellement acquis;
car, suivant l'hypothèse admise, les caractères à trans-
mettre héréditairement doivent avoir été acquis d'a-
bord sous l'influence de la variabilité. Il faut donc
établir que l'hérédité des caractères individuellement
acquis est une des hypothèses nécessaires du principe
de sélection dans le concept mécanique de Darwin.
Dans une acception étroite, cette hérédité des
caractères individuellement acquis devrait être une
loi sans exception, mais on pourrait s'en contenter
même si c'était seulement une règle prédominante.
En fait cependant, la règle générale est la perma-
nence des mêmes exceptions et, au contraire, la dis-

parition des caractères avec la génération qui les a acquis. Darwin lui-même (Origine de l'homme) avoue avoir été amené, par un article de la *North-Britsh Review* de mars 1867, à reconnaître combien la vraisemblance parle contre le maintien héréditaire des modifications qui, importantes ou non, n'apparaissent que dans les individus isolés. Mais comme, dans les directions innombrables possibles d'une variabilité indéterminée, les modifications utiles ne peuvent jamais se produire que sur les individus isolés, Darwin a, par cet aveu, rétracté une hypothèse indispensable à sa théorie de la sélection et ainsi reconnu, de ce côté encore, la faiblesse théorique des concepts mécaniques qu'il avait soutenus jusque-là.

Si l'hérédité des particularités individuellement acquises est dès l'abord une exception, il ne reste que l'alternative suivante : ou bien une tendance déterminée à la variation, agissant de dedans en dehors suivant un plan général, s'exerce simultanément sur un grand nombre d'individus pour assurer l'hérédité improbable en elle-même; ou bien la tendance déterminée à la variation qui existe dans une génération agit encore dans la suivante, et le résultat réel de l'hérédité est alors, non plus la conséquence d'une « faculté héréditaire » agissant mécaniquement, mais l'expression de l'activité régulièrement prolongée de la loi d'évolution interne, qui agissait déjà suivant la même direction dans la génération précédente. Comme, dans la première alternative, l'hérédité ne serait jamais assurée que pour une ou pour un petit nombre de générations, on doit adopter la seconde hypothèse, sans exclure par là la probabilité qu'une pareille tendance déterminée à la variation ne puisse se présenter un jour en même temps chez plusieurs individus. En tout cas, dans cette manière de voir, la variabilité et l'hérédité forment un tout connexe, et apparaissent comme les moments, reliés entre eux, du développement de la loi d'évolution interne. Chez Darwin, au contraire, elles se présentent comme les suites d'influences fortuites, et comme le résultat d'un mécanisme matériel de transmission allant du générateur à la progéniture. Quand Darwin reconnaît à plusieurs reprises que la variabilité est un sujet parfaitement obscur (par exemple, variations des animaux et des plantes) et ne peut s'empêcher de s'étonner « des caprices » de la faculté héréditaire, il semble que des principes, aussi obscurs et capricieux, sont peu aptes à servir de piliers fondamentaux à une théorie ressuscitée pour expliquer la formation des espèces, bien que le degré d'organisation morphologique n'ait aucun point de contact avec l'utilité.

Mais la chose prend une autre apparence, si l'on abandonne franchement la tentative d'une explication mécanique extérieure, si l'on considère la variabilité spontanée et la tendance héréditaire comme les deux faces de la manifestation d'une loi d'évolution interne pourvoyant également à la naissance, à la conservation et à la perpétuation des modifications considérées; alors les caprices, irréguliers en apparence, se montrent comme les éléments d'une loi générale d'évolution, et, du point de vue téléologique, s'éclaire la question obscure de savoir pourquoi la variabilité apparaît comme spontanée, c'est-à-dire prend une certaine direction de préférence aux autres.

Il reste donc toujours possible qu'une tendance à la variation, agissant dans une direction déterminée pendant plusieurs générations, imprègne l'organisme

d'une disposition matérielle à reproduire la variété ;
il faudrait alors considérer cette disposition comme
un *mécanisme auxiliaire* qui vient en aide à la
fonction prolongée de la loi d'évolution interne.
Mais, d'une part, un mécanisme auxiliaire de cette
cette nature peut se former avec le temps, c'est-à-dire
dans le cours de plusieurs générations, et d'autre
part nous voyons, par la multiplicité des expériences
faites pour résoudre la question, que l'on n'a pas
constaté une seule fois un accroissement avec le
temps de la faculté héréditaire, au moins dans les
périodes de plusieurs années des expériences d'Hoff-
mann et de Wigand sur les semences, et dans lesquelles, cependant, un accroissement de ce genre
serait à prévoir si la sélection naturelle ne doit pas
perdre toute apparence du développement d'une activité.

Sans doute le règne végétal se montre ici plus re-
belle que le règne animal à l'hypothèse de Darwin
En effet, dans le règne végétal, les chances de transmission héréditaire des variétés obtenues par la
culture sont si faibles, que la conservation de ces variétés repose le plus souvent sur la multiplication de
la plante par des procédés autres que la reproduction
sexuelle. Au contraire, la valeur que les éleveurs
attachent au « pur sang » parle presque toujours en
faveur de l'hérédité. Quoi qu'il en soit, ce résultat con-
tradictoire des expériences sur les plantes et les animaux doit faire mettre en doute, au plus haut degré, la
probabilité d'une hérédité proportionnellement croissante dans la sélection naturelle par voie de lutte
pour l'existence, dans tous les cas où la loi d'évolution interne, qui, en tant que tendance déterminée à
la variation, a donné l'impulsion première au pro-

cessus de transformation et lui a fait franchir la première étape, ne tend pas expressément, par une action prolongée, à imprégner l'organisme d'une disposition matérielle ayant pour objet de fixer une variation dans un sens déterminé, c'est-à-dire une tendance déterminée à l'hérédité.

Si donc, en réalité, la variabilité indéterminée par influences fortuites était une vérité, elle ne s'appliquerait jamais aux variations minimales qui disparaissent à la première ou, au plus tard, à la seconde génération, et la sommation, la fixation de ces variations, ne pourraient s'opérer que dans les directions où entrerait en jeu une tendance à la variation, qualitativement déterminée et de même sens, qui produirait du même coup une tendance à l'hérédité. L'hérédité n'est pas, comme le pense Darwin, le résultat mécanique d'une sélection répétée à travers plusieurs générations dans la lutte pour l'existence ; cela résulte déjà de ce que l'expérience contredit les conséquences de cette hypothèse. Il s'ensuit en effet directement, et Darwin reconnaît expressément cette conséquence, que les caractères *les plus utiles* devraient être les plus *invariables* dans la transmission héréditaire, tandis que les caractères *indifférents* dans la lutte pour l'existence devraient être les *plus variables*, les *plus incertains*, parce que la sélection par voie de lutte pour l'existence ne peut leur servir de régulateur. Or, les caractères morphologiques qui définissent l'espèce ou le type, bien que ne jouant aucun rôle dans la lutte pour l'existence, sont constants et ne subissent pour ainsi dire aucune altération par l'hérédité ; les caractères utiles, au contraire, c'est-à-dire les caractères physiologiques d'adaptation sont généralement variables et souvent à un haut degré. Le concept mécanique de l'hérédité, comme agent de sélection dans la lutte pour l'existence, est donc aussi indirectement réfuté par l'expérience, et, par conséquent, ne peut être considéré comme soutenable à aucun degré.

L'examen approfondi du principe d'hérédité, aussi bien que la critique du principe de variabilité et de sélection par voie de lutte pour l'existence, nous conduit donc aussi à un résultat directement opposé au point de départ adopté dans le système de Darwin. Partout le concept mécanique du problème non-seulement se montre insuffisant, mais, avec un peu de réflexion, conduit toujours au concept directement opposé d'une loi d'évolution interne réglant le progrès de l'organisation.

e. — Ce qu'il y a de vrai et de faux dans la théorie
de la sélection.

Considérée comme un tout, la théorie de la sélection, devait être, selon Darwin, un principe d'explication purement mécanique et, comme telle, suffisante pour les phénomènes qui se produisent dans le domaine de la vie organique ; elle ne peut jouer ce rôle parce que deux des facteurs qui la constituent, la variabilité et l'hérédité, pris en eux-mêmes, ne sont pas des principes d'explication mécanique, et que le troisième facteur, la sélection dans la lutte pour l'existence, bien que purement mécanique par lui-même, suppose, pour être appliqué, la présence des autres principes qui ne sont pas mécaniques. Il ne peut nullement être considéré comme suffisant à lui seul, et ne peut valoir que comme principe d'explication auxiliaire et secondaire. Ce concept mécanique insoutenable est *l'une* des erreurs de la théorie de la sélection ; *l'autre* erreur est l'exagération de la portée de cette théorie étendue au-delà de ses limites naturelles. Le recours à la théorie de la sélection est d'abord interdit pour tous les cas de transformation essentiellement morphologique du type, en particulier pour chaque degré nouveau franchi par l'organisation qui s'élève. Mais, même dans les limites de l'adaptation physiologique aux conditions de la vie, l'application de la théorie de la sélection est liée à l'accomplissement de toute une série de conditions.

La première et la plus importante est l'apparition spontanée d'une forme mieux adaptée, se produisant soit par voie de génération hétérogène, soit par voie (la différence n'est ici qu'une différence de degré) de tendance régulière et suffisamment prolongée à la variation, tendance liée à l'existence d'une disposition de la nouvelle forme à l'hérédité.

La seconde condition consiste en ce que, non-seulement la déviation doit se faire dans la direction appropriée, mais aussi en ce que, si une déviation minimale dans cette direction n'est pas encore utile, elle doit se produire tout d'un coup à un degré suffisant pour augmenter notablement les chances des individus qui en sont pourvus dans la lutte pour l'existence.

La troisième condition est la présence, entre le nombre des individus et l'abondance, la facilité des conditions d'existence pour lesquelles ils concourent activement ou passivement, d'un rapport tel qu'il se produise en réalité une sélection notable, et que tous les individus en lutte, ou la grande majorité d'entre eux, n'aient pas à peu près ce qu'il leur faut pour vivre.

La quatrième consiste dans la nécessité que la particularité à obtenir ne soit ni indifférente ni purement commode ou agréable, mais réellement utile et encore à un degré tel qu'elle accroisse notamment l'aptitude des individus à soutenir la concurrence.

La cinquième condition est que la particularité à cultiver ne soit pas acquise simultanément avec d'autres plus importantes qui, prises dans leur ensemble, suffisent à elles seules pour déterminer, sans le concours de la première, l'élimination d'un nombre d'individus tel, que, pour les survivants sans distinction, l'aptitude à soutenir la concurrence vitale soit assurée.

La sixième est que la particularité en question soit aussi réellement utile dans l'hypothèse unique du *statu quo* de l'organisation au début du *processus de la sélection*, et non pas d'abord dans l'hypothèse de rapports d'organisation qui doivent naître en même temps qu'elle ; ces rapports pouvant d'ailleurs concerner d'autres parties du même organisme ou d'autres régions du règne organique.

Si l'on recherchait le rôle qui reste dévolu au principe de sélection quand toutes ces conditions sont remplies pour la transformation spontanée d'un type entre des limites pas trop étroites, le résultat se réduirait très-sensiblement à zéro. Mais si l'on conçoit les choses autrement, si la sélection naturelle n'a point pour mission de provoquer *spontanément* des processus de transformisme de quelque importance ; si elle n'est, au contraire, qu'un simple mécanisme auxiliaire, un expédient technique pour favoriser les processus résultant d'une impulsion interne, alors son rôle dans l'économie de la nature reste très-grand malgré tout. Car partout, il suffit de jeter un regard pour s'assurer qu'elle sert comme expédient technique pour la conservation automatique d'un état d'équilibre et d'adaptation une fois obtenu par l'évolution interne, et elle exerce cette action, non pas seulement aux extrémités des processus d'adaptation, mais à *tout stade momentanément franchi*. Pour emprunter une comparaison à la mécanique, elle fait office de *cran d'arrêt* pour la roue dentée de l'évolution mise en mouvement par l'évolution interne. Elle sert encore à relier entre elles les impulsions innombrables et parallèles de l'évolution corrélative ; elle paralyse les différences fortuites des obstacles à la transformation, et assure la régularité de la concordance pendant la transition.

D'une forme à une autre, si une face déterminée de l'évolution corrélative veut aller trop vite, la sélection agit en *la retardant*, parce que tout écart isolé de l'état d'adaptation et d'équilibre corrélatif diminue les chances dans la lutte pour l'existence. Quand, au contraire, d'autres portions du développement corrélatif menacent, par la résistance d'obstacles fortuits, de rester en arrière des modifications corrélatives, la sélection agit en *accélérant* leur marche, parce que, par la concurrence vitale, elle élimine les exemplaires le plus en retard, et ne laisse subsister que les individus les plus avancés relativement qui seuls concourent à la reproduction. On ne peut contester que le cran d'arrêt et la courroie de liaison ne soient des organes auxiliaires très-importants, peut-être indispensables, dans une grande machine, mais cette importance n'excuse pas l'erreur de ceux qui voudraient considérer le cran d'arrêt et la courroie comme la machine tout entière, ou même comme le moteur particulier du système. La courroie transmet seulement le surplus de la force des organes qui rencontrent le moins d'obstacles à ceux qui ont les plus fortes résistances à surmonter, et il arrive ainsi que, pour un examen superficiel, la *transmission* de force peut être considérée comme la *production* de force, surtout quand l'appareil des tubes de vapeur qui amène la véritable impulsion est caché à l'œil de l'observateur.

D'un autre côté, on voit se dissiper le *miracle de la marche harmonique concordante, corrélative, de l'évolution d'innombrables processus isolés,* par la considération de l'expédient, purement technique, de la liaison qui agit comme régulateur, partout où une avance, ou un retard, des processus d'évolution individuels ou partiels diminue les chances de l'individu dans la lutte pour l'existence. Quand Darwin nous a donné la théorie de la sélection, il nous a fourni en réalité, dans le sens donné plus haut, *un principe d'explication suffisant pour l'une des faces les plus étonnantes du processus cosmique.* Dans ce sens, le principe de la sélection peut conserver longtemps une grande valeur, qui ne peut être compromise que si le darwinisme élève la prétention insoutenable de posséder, dans cette théorie, un principe d'explication du processus de l'évolution organique, et, en particulier, de la modification du type dans la formation des espèces.

Si l'on pousse jusqu'au bout de ses conséquences l'idée de la liaison des processus corrélatifs d'évolution, on reconnaîtra bientôt qu'il y a à peine un phénomène quelconque auquel la théorie de la sélection naturelle semble applicable, et qui ne soit pas assujetti à cette loi ; on doit se borner à se pénétrer de la pensée que tous les processus naturels sont dans une harmonie ordonnée, dans une unité grandiose de l'ensemble téléologique, et que chaque phénomène isolé en apparence n'est qu'un phénomène, dont la liaison corrélative avec le plan d'ensemble de l'évolution échappe à l'observateur regardant d'un certain point de vue. Tout tend à faire reconnaître au darwinisme l'importance proportionnelle de la loi de corrélation, c'est-à-dire de la loi d'évolution individuelle dans ses rapports avec l'évolution totale, tandis que le principe de sélection est simplement un régulateur de la corrélation, au moyen de la liaison des différentes parties de l'ensemble.

Nous avons reconnu, en premier lieu, que la parenté généalogique n'est qu'une des manières de réaliser les parentés idéales, et que le transformisme graduel n'est qu'une des formes de réalisation de la descendance généalogique. Du fait que la parenté idéale se réalise aussi d'une tout autre manière que par la descendance, savoir par une loi d'évolution interne façonnant les formes ; du fait que la transformation génétique d'un type dans un autre se réalise, dans les cas les plus nombreux et les plus importants, par une autre voie que celle du transformisme graduel, savoir par voie de génération hétérogène au moyen d'une métamorphose du germe conformément à une loi, nous pouvons conclure que la descendance et le transformisme graduel ne sont que des principes *auxiliaires* d'explication, des expédients *techniques* ou des mécanismes secondaires aidant à l'impulsion qui s'exerce de dedans en dehors.

Nous avons reconnu qu'il en était de même du principe de sélection, bien que les sphères, à l'intérieur desquelles ces trois principes auxiliaires d'ex-

plication font leur office, soient délimitées d'une façon
tout-à-fait différente.

Si donc le darwinisme commet la faute de confondre ces différentes limites (très-nettement caractérisées, nous l'avons vu), et de présenter, sous un
nom unique, comme un tout indivisible, la combinaison, la confusion des trois principes de la descendance, du transformisme et de la sélection, cette
erreur de son point de vue fondé sur un concept mécanique du monde, ne le fait pas pénétrer plus avant
dans le domaine de la nature organique. En effet, quel
que puisse être individuellement le domaine d'application de ces principes, ils n'en restent pas moins,
dans toutes les circonstances, des principes d'explication simplement auxiliaires, des expédients techniques aidant à l'action du principe de l'évolution
interne conforme à un plan; de même que leur *sub-
stratum* ou leur *sujet* doit être une impulsion créa-
trice de l'ordre métaphysique. Les aveux déjà men-
tionnés de Darwin au sujet de l'exagération du principe de sélection, de la restriction qu'il en faut faire
aux caractères adaptifs (à l'exclusion de la modification et du rehaussement des rapports morphologiques d'organisation); au sujet de l'obscurité et de
la spontanéité de la variabilité, de la nature capricieuse de l'hérédité et de l'invraisemblance de l'hérédité des particularités individuellement acquises,
signalent un mouvement de retraite en arrière des
points qui forment la clef de la position prise par le
darwinisme. A ce mouvement de retraite doit corres-
pondre, comme conséquence nécessaire, un *mouvement rétrograde sur toute la ligne du concept
mécanique du monde.* Il ne nous reste plus qu'à
considérer les positions en arrière où le darwinisme

cherche à se retrancher, après avoir reconnu l'impossibilité de défendre son principal corps de place, la théorie de la sélection, dans le sens du concept mécanique. Nous verrons que les plus importants des principes auxiliaires d'explication, invoqués par Darwin à l'appui du concept mécanique du monde, sont encore beaucoup plus éloignés de remplir leur office que le principe de sélection, et qu'il faut les considérer comme un retour déguisé au concept *contraire.*

CHAPITRE VI

LES PRINCIPES AUXILIAIRES D'EXPLICATION INVOQUÉS PAR DARWIN.

a. — L'influence directe des circonstances extérieures sur l'organisme.

Darwin a emprunté ce principe à Geoffroy Saint-Hilaire, qui en faisait le principe unique d'explication de la transformation des êtres. Geoffroy admet, par exemple, que, par la diminution de la proportion d'acide carbonique dans l'air, les reptiles sauriens sont devenus les oiseaux, parce que l'accroissement de l'oxygène a donné plus d'énergie à la respiration. Aujourd'hui que l'on connaît l'insignifiance relative des influences de ce genre, par rapport à celles du principe de sélection et des autres principes invoqués par Darwin et ses plus ardents partisans, il est à peine besoin de s'attarder à réfuter des explications semblables. Néanmoins on ne peut nier que l'action des circonstances extérieures ne présente une certaine importance pour la modification de l'organisme, modification qui, se restreignant aux individus ayant déjà une existence indépendante, ne peut pas être confondue avec la variabilité se produisant tout d'un coup dans la génération.

Mais, si le darwinisme invoque à l'occasion ces influences pour expliquer des transformations prétendues, il oublie que la durée des modifications produites par l'action directe du milieu dépend aussi de la durée de ces circonstances extérieures; qu'elles ne se transmettent point héréditairement, mais qu'elles se produisent seulement chez les descendants qui se retrouvent soumis à l'influence du même milieu, et qui, par conséquent, reçoivent de première main, comme leurs aïeux, leur forme du même principe d'explication. Il faut considérer, en outre, que les modifications ainsi obtenues sont de nature physiologique tout-à-fait superficielle, et, par conséquent, tout-à-fait impropres à expliquer la transformation systématique des types; en sorte que, finalement, la modification des organismes par des influences extérieures suppose toujours une aptitude préexistante et une tendance interne à la modification, sans quoi l'organisme périrait ou vivrait misérablement dans un milieu contraire, au lieu de s'accommoder physiologiquement au milieu extérieur modifié. Dans cette aptitude et cette tendance interne à la modification des organismes existant suivant la modification des conditions vitales, se manifeste encore la loi d'évolution interne, bien que, partiellement, les modifications purement physiques ou chimiques puissent être expliquées par les lois de la nature inorganique.

b. — Influence de l'usage ou du non-usage sur les organes.

Ce principe d'explication sert de base à la théorie de la descendance de Lamarck à laquelle le darwinisme l'a emprunté. On sait que des muscles, renforcés et grossis par un usage fréquent, peuvent être amenés à un commencement d'atrophie si on ne les exerce point; une hypothèse semblable pourrait être admise pour les nerfs, les ganglions, les éléments cérébraux. Ce principe a été généralisé, mais dans beaucoup de directions, sans une justification suffisante. Wigand soutient que ce principe est inapplicable à tout le règne végétal, ce qui est une négation trop générale et trop absolue, bien qu'il soit exact que, dans le règne végétal, il soit beaucoup plus difficile de trouver des applications de ce principe que dans le règne animal. En tout cas, même dans le règne végétal, il pourrait s'appliquer au protoplasma des cellules isolées, à leur tendance au mouvement et à la reproduction. Mais, même quand l'application ne peut être contestée, il y a trois choses à bien considérer. D'abord, l'effet de l'usage ou du non-usage ne peut agir que sur la longueur et le poids, ou sur la structure, mais non sur la forme des organes. Ensuite la diminution de la grosseur de l'organe se maintient dans de certaines limites ; par exemple, la réduction par le non-usage ne peut jamais conduire à l'entière disparition (*abortus*) de l'organe (Darwin l'avoue). Enfin une modification dans l'emploi de l'organe est provoquée, dans la plupart des cas, par une modification préalable des instincts, laquelle doit naître elle-même d'une accommodation interne, spontanée, de l'instinct aux conditions modifiées de la vie, ou de l'évolution interne franchissant un degré supérieur. Le phénomène est donc ici un phénomène inverse du concept darwinien de la sélection naturelle, où les modifications fortuites dans la structure des organes viennent les premières, et sont suivies des modifications adaptives de l'instinct. Ici, au contraire, vient en premier lieu la modification de l'instinct qui, par l'influence de la modification de l'usage de l'organe, entraîne la modification de ce dernier.

Le darwinisme a invoqué surtout ce principe pour expliquer la formation des organes rudimentaires. Il raisonne ainsi : « Si la nécessité provoque la forma- « tion d'un organe, la nécessité faisant défaut, non- « seulement l'organe ne se forme pas, mais un « organe déjà formé doit graduellement se réduire. » (Wigand). A cette conclusion d'ailleurs logiquement fausse, on peut opposer trois objections. En premier lieu, si le défaut de nécessité suffisait pour amener, d'après la *lex parsimoniæ*, la réduction de l'organe, alors auraient dû disparaître depuis longtemps toutes les particularités de la forme animale ou végétale morphologiquement et systématiquement importantes, mais physiologiquement indifférentes et sans valeur ; la proposition dépasse donc de beaucoup son but. En second lieu, les altérations que présentent les organes rudimentaires sont, non-seulement des altérations de degré, mais des altérations de forme ; l'effet du non-usage à lui tout seul ne suffit donc pas à les expliquer. En troisième lieu, on peut supposer par analogie qu'un retour à l'ancienne forme ou des métamorphoses partiellement régressives ne peuvent pas plus se produire par le défaut de nécessité, que l'évolution ne peut se faire par une nécessité présente et croissante, sans le secours préalable d'une loi d'évolution interne. Nous serons, comme précédemment, forcés de regarder les organes rudimentaires comme rentrant dans le plan de création idéale et de la loi d'évolution interne qui le réalise, en reconnaissant d'ailleurs que le principe de l'usage ou du non-usage, invoqué par Lamarck, mérite considération comme principe d'explication auxiliaire dans le processus de la formation régressive, comme un véhicule technique de l'accomplissement mécanique des métamorphoses brusques, conséquences du plan d'évolution.

Un domaine où l'influence de l'usage et du non-usage pourrait être d'une très-grande importance, c'est le domaine limité où la vie intellectuelle instinctive se confond déjà avec la vie consciente, et alterne avec elle ; où, par conséquent, d'une part les instincts appartenant à l'espèce-type sont modifiés par une activité consciente de l'esprit, et où, d'autre part, les fonctions psychiques conscientes s'adaptent aux changements extérieurs et au progrès de l'instinct par l'influence de processus psychiques inconscients. Ce domaine a été laissé entièrement de côté par Wigand, bien que l'action mutuelle de la téléologie consciente et inconsciente y fasse reconnaître, plus nettement que partout ailleurs, l'identité essentielle des deux idées. Il s'agit donc ici, principalement, de la modification des appareils intellectuels et caractéristiques, et de la formation de l'aptitude aux perceptions des sens. Dans tous les cas la modification, plus ou moins grande, obtenue par l'activité consciente intellectuelle, dans l'usage des appareils des sens et de l'organe de la pensée, laissera des traces dans les parties périphériques et centrales du système nerveux, et, par l'exercice prolongé, par l'habitude, agira sur les rapports les plus délicats de la structure, lesquels sont eux-mêmes de la plus haute importance pour la mise en jeu des activités correspondantes. Une autre question est de savoir s'il faut compter sur la transmission héréditaire de semblables modifications obtenues individuellement dans le cerveau, dans les ganglions, les nerfs et les organes des sens. L'expérience paraît parler en faveur d'une hérédité partielle de ces acquisitions qui sautent souvent une génération ; mais, avec notre ignorance sur l'essence de l'hérédité, reste tout à fait incertaine la question de savoir si une transmission de ce genre peut être opérée d'une manière purement mécanique par la génération, ou si elle n'est pas plutôt le résultat de l'action d'un principe organisateur. Dans le cas où la transmission héréditaire semblerait admissible pour les petites modifications du système nerveux acquises par l'habitude, les influences de l'usage de cet organe pourraient s'additionner à travers les générations, ce qui doit être admis d'une manière générale sans contestation pour le développement des facultés intellectuelles de l'humanité.

Ce principe semble donc apte à expliquer la sommation des modifications qui, prises individuellement, accroissent dans une proportion nulle, ou trop insignifiante pour rendre possible l'action de la sélection naturelle, les chances des individus qui en sont pourvus. Tandis que l'activité intellectuelle consciente apparaît elle-même comme moteur de ce processus d'évolution, ce principe d'explication laisse aussi place pour les modifications, en dehors de l'action de la sélection naturelle, qui sont pour l'individu chez lequel elles se produisent une cause de *pur agrément*, idée qui peut prendre une très-grande extension sur le terrain intellectuel. Le talent artistique, par exemple, même poussé à un degré considérable, accroîtra difficilement les chances dans la lutte pour l'existence chez les peuples peu civilisés; mais, comme il est agréable d'exercer ce talent, on le perfectionne quand on l'a, au lieu de le laisser périr sous l'action du principe de sélection, et on offre ainsi, à l'impulsion formatrice organique, des chances plus favorables pour qu'un talent égal ou encore supérieur passe aux descendants.

Sous le rapport de la psychologie et de la physiologie des appareils des sens, le principe de Lamarck peut donc avoir la plus grande portée; néanmoins on ne peut jamais le confondre avec le principe de Darwin qui repose sur des hypothèses toutes différentes, et il faut se souvenir, d'abord que ce principe a une si grande importance dans le domaine considéré précisément parce qu'ici *l'activité* téléologiquement *consciente* de l'esprit humain ou animal (étroitement reliée en partie à l'activité psychique inconsciente) est le moteur du processus, — c'est donc certainement un principe nullement mécanique mais évidemment téléologique. En second lieu, la sommation des propriétés ainsi acquises paraît assurée par l'hérédité, seulement sous la condition que le principe organisateur s'exerce spontanément, et concoure avec une prédisposition matérielle à la transmission héréditaire de propriétés semblables. Le principe de l'usage ou du non-usage de l'organe apparaît donc, dans tous les cas où il trouve une application incontestable, simplement comme un mécanisme auxiliaire

reposant sur la base de principes agissant téléologiquement (loi d'évolution organique, nécessité instinctive, activité intellectuelle consciente de son but),
comme un expédient technique pour l'accomplissement et l'accélération de l'évolution régulière interne.

c. — La sélection sexuelle.

Comme le principe de la sélection naturelle, le
principe de la sélection sexuelle a été découvert par
Darwin ; tous deux sont dans une dépendance réciproque très-étroite, et le parallélisme des deux con-
ceptions est incontestable. La variabilité et l'hérédité
sont les deux facteurs généraux des deux principes ;
le troisième, également commun aux deux, est une
sélection par concurrence, et la différence consiste
simplement en ce que, dans la sélection naturelle, la
concurrence agit dans le sens de la conservation de
la vie des individus, tandis que, dans la sélection
sexuelle, elle agit dans le sens de la reproduction.
Les deux sortes de sélection se complètent réciproquement, de la même manière que la conservation de
la vie individuelle et la reproduction se complètent
pour assurer la vie des organismes.

Pour la variabilité, c'est comme dans la théorie de
la sélection. Darwin la suppose indéterminée et sans
direction ; il doit la supposer ainsi pour pouvoir la
présenter comme le produit mécanique du hasard.
L'examen des faits montre ici, d'une manière plus
éclatante encore que dans la sélection naturelle, que
les modifications obtenues ne se produisent que dans
un petit nombre de directions, très-déterminées, par-

ticulièrement caractéristiques et conservent entre elles une dépendance logique conforme à un plan. Qu'on imagine, par exemple, le développement simultané de couleurs et de dessins, de détails délicats de forme dans les éléments constitutifs de l'effet général (par exemple, les écailles de papillons), lesquels nous ont été révélés pour la première fois par le microscope, et qui, par conséquent, restent toujours ignorés en grande partie des individus entre lesquels s'exerce la sélection.

Les lois de la transmission héréditaire, dont il faut supposer l'existence pour la sélection sexuelle, présentent encore bien plus de difficultés que dans la sélection naturelle. Dans cette dernière, en effet, il s'agit simplement de la transmission de propriétés passant des parents aux descendants sans distinction de sexe. Maintenant, au contraire, nous avons à expliquer la formation en particulier des caractères limités à un seul sexe, et qui impliquent l'hypothèse que les modifications, obtenues par la concurrence pour l'accouplement, ne se transmettent qu'à un seul sexe. Il n'y a cependant pas à rechercher si la cause extérieure qui détermine la sélection peut exercer une influence sur la tendance interne à l'hérédité. On doit plutôt admettre que cette tendance est différente par rapport aux caractères qui jouent un rôle dans la concurrence pour l'accouplement. En tout cas, cela revient à dire que la tendance interne à l'hérédité est simplement un moment de la loi interne d'évolution organique, et nullement une transmission purement mécanique ; il faut admettre une tendance héréditaire limitée à un sexe ; il faut supposer aussi probablement, d'après la relation étroite rappelée plus haut entre l'hérédité et la variabilité, une tendance à la variation limitée à un seul sexe, — nouvelle preuve contre le hasard mécanique et en faveur de la variabilité suivant une loi, un plan défini. Le problème sera compliqué encore davantage par ce que l'hérédité unisexuelle n'est pas du tout dans tous les cas la loi de la sélection ; assez souvent, au contraire, il y a hérédité bisexuelle des caractères résultant de la concurrence sexuelle, si bien que les deux sexes héritent de propriétés communes par voie de sélection sexuelle. D'après Wallace, en pareil cas, l'un des sexes doit reperdre ces caractères par la sélection naturelle; alors il faudrait admettre pour eux une hérédité unisexuelle, tandis que pour les autres il y aurait en même temps hérédité bisexuelle. En aucun cas on ne peut ramener ainsi tous les caractères unisexuels, ou la majeure partie d'entre eux, à une semblable correction ultérieure de la sélection sexuelle par la sélection naturelle; en sorte que nous devons maintenir, entre les limites du domaine de la sélection sexuelle, les différentes lois de l'hérédité unisexuelle et bisexuelle, ce qui paraît de nature à ébranler encore plus profondément la croyance du darwinisme à des bases purement mécaniques pour ce processus.

Le troisième facteur, la sélection par voie de concurrence pour l'accouplement, se partage en deux formes résultant la première du combat livré entre les concurrents, et la seconde du choix fait des reproducteurs parmi les concurrents. La sélection par le combat favorise naturellement les plus forts, les mieux armés, et fournit une explication suffisante pour la plupart des cas d'inégalité entre la force et les armes des sexes, où l'on trouve (en général, chez le sexe le plus fort) une rivalité pour arriver à l'accouplement. Chez les oiseaux de proie, la nécessité de pourvoir seule à la nourriture des jeunes agit peut-être pour donner des dimensions et une force supérieures à la femelle. En tant que s'exerce l'hérédité bisexuelle, cette forme de la concurrence peut influer en général sur l'ennoblissement de la race.

Wigand critique cette sélection en se servant d'un argument qu'il étend aussitôt à la manière dont elle s'exerce, et duquel il croit pouvoir conclure à l'inexactitude de la théorie de la sélection sexuelle. Il prétend que la sélection ne peut agir que si le sexe qui fournit les concurrents présente un nombre d'individus notablement plus considérable que le sexe opposé; autrement, dit-il, les concurrents vaincus trouveraient encore dans l'autre sexe des individus pour s'accoupler. Or, en réalité, cette condition n'est pas remplie puisqu'en général les individus des deux sexes sont en nombre à peu près égal. A cela on peut répondre d'abord que, précisément chez les animaux combattant avec énergie, les vainqueurs ne se contentent pas souvent d'une seule femelle mais en prennent plusieurs, ce qui empêche, par le fait, les vaincus de concourir à la reproduction (par exemple, chez les babouins et les mandrilles, chez beaucoup d'animaux polygames vivant en troupeaux). Mais il faut considérer aussi que, là même où les individus inférieurs ne sont pas exclus du droit de concourir à la reproduction (chez l'homme, par exemple), la sélection sexuelle peut s'exercer sous la condition d'admettre deux hypothèses.

La première, qui rend possible la concurrence sexuelle quand les nombres des individus de chaque sexe sont égaux, consiste en ce que le sexe qui fournit les concurrents choisit parmi les individus de l'autre sexe ceux qui lui semblent particulièrement désirables, en sorte que les individus inférieurs dans la concurrence sont réduits à se contenter des individus de l'autre sexe qui paraissent le moins désirables. La seconde hypothèse est l'intervention de la sélection naturelle dans la génération immédiatement consécutive ; dans celle-ci, en effet, il arrive que la postérité des femelles les plus désirables et des mâles qui ont triomphé pour les avoir, prend aussi par une force, une adresse supérieure, la place de la postérité des femelles dédaignées et des mâles vaincus. Par l'action réitérée de cette double influence, les caractères les plus favorables dans la concurrence sexuelle peuvent s'ajouter et s'accentuer.

L'autre hypothèse est le choix fait par les individus recherchés parmi les individus plus nombreux qui les recherchent, choix qui généralement se complète par un choix des concurrents entre les individus aptes à la concurrence. Ici intervient comme moment décisif un facteur psychique qui, *eo ipso*, enlève au processus tout caractère mécanique. Darwin cherche à faire de ce facteur psychique l'excitation que le beau, ou même simplement le nouveau, exerce sur les hommes, et il étend aux animaux cette tendance à l'excitation par le beau et le nouveau, ainsi que les effets qu'elle semble exercer chez les hommes sur la recherche sexuelle. Pour justifier par l'analogie cette extension il invoque l'unité de l'arbre généalogique du règne animal, et il s'appuie sur la différence du goût chez les différentes races humaines, pour faire comprendre les différences de goût des animaux, bien que ce dernier fait mette précisément en question la première analogie.

En ce qui concerne l'attrait de la nouveauté, cette

analogie pourrait être absolument repoussée, mais
Darwin paraît avoir attribué, même au sens du beau
dans le règne animal, une portée beaucoup plus
étendue que ne le réclamaient les nécessités de cette
conclusion par analogie. Que les mammifères supérieurs et les oiseaux possèdent jusqu'à un certain point
le sens du beau, on peut l'admettre sans balancer ;
mais, s'il peut en être aussi question chez les amphibies, les poissons et les rayonnés, il reste au moins
très-douteux qu'on puisse étayer sur cette hypothèse
une explication de la théorie du transformisme. Et
même, chez les insectes aveugles, il manque tous les
indices de l'existence du sens du beau ; chez les
papillons. généralement très-mal pourvus sous le rapport des organes de l'intelligence, l'hypothèse darwinienne de la sélection sexuelle a aussi peu de fondement que chez les animaux marins inférieurs qui,
en partie, se distinguent par des colorations compa-
rables à celles des papillons. La limite tracée par
Darwin entre les vers annelés et les crustacés, pour
la sélection sexuelle, paraît donc tout à fait arbitraire.

L'hypothèse d'un sens du beau repose essentiellement sur un raisonnement par analogie ; il en est
exactement de même de l'autre hypothèse, celle qui
veut que, chez les animaux, il existe une relation entre
le sens du beau et l'individualisation de l'impulsion
sexuelle. Or, même chez les oiseaux chanteurs, si
haut placés parmi les animaux intelligents, on n'a
pas encore trouvé trace d'une preuve établissant
l'exactitude de l'application de la théorie de la sélection sexuelle, savoir qu'en réalité les femelles, parmi
les mâles qui les recherchent, donnent la préférence
au meilleur chanteur sous l'influence d'un sentiment
de l'art musical.

Mais une théorie reposant sur des bases aussi fragiles pourrait à peine être prise en considération par la science, si, en dehors du sens du beau invoqué par Darwin, n'intervenait pas un mobile tout autre, comme facteur psychique. Comme Darwin ne connaissait que l'activité intellectuelle consciente, il a commis l'erreur de vouloir prendre un mobile conscient pour moteur de la sélection sexuelle, et, naturellement, en concluant par analogie de l'homme aux animaux, il s'est bientôt trompé dans ses calculs, partout, notamment, où le degré de développement de la pensée consciente chez les animaux s'est montré insuffisant pour les exigences de la théorie qu'il avait posée.

Or l'analyse plus approfondie du phénomène de la sélection sexuelle chez l'homme montre qu'en réalité il ne s'agit point d'un facteur psychique conscient, mais d'un facteur psychique inconscient ; en d'autres termes, d'un instinct que rien n'empêche de supposer analogue chez les animaux. Comme on sait, en effet, les instincts jouent un rôle relatif d'autant plus grand que la pensée consciente est placée plus bas sur l'échelle. Chez l'homme la sélection sexuelle s'opère instinctivement par trois considérations : d'abord, la noblesse des formes extérieures des représentants du type spécifique en concurrence ; ensuite le degré d'aptitude à la reproduction qu'ils ont en eux, et enfin le degré auquel ils se montrent en état de paralyser les défauts du sélectant, par la possession de qualités complémentaires, de façon à approcher davantage de la perfection du type spécifique. Cette dernière considération disparaît généralement avec la forte individualité de l'homme, pour le règne animal, et il ne reste à ce dernier (abstraction faite de quelques sympathies chez les animaux supérieurs) que les deux premières : savoir la perfection aussi parfaite que possible de l'empreinte du type spécifique, et l'aptitude aussi grande que possible à perpétuer ce type.

Un instinct de ce genre agit pour multiplier aussi énergiquement que possible une race aussi anoblie que possible ; il est donc d'une nature tout particulièrement téléologique, et, précisément à cause de son importance téléologique, nous sommes dans le droit et dans l'obligation de le supposer répandu jusqu'aux degrés inférieurs du règne animal. Il suit de là que la théorie exposée par Darwin, de la sélection sexuelle dans le règne animal, ne trouve un terrain d'application probable que parce qu'elle repose sur un instinct éminemment téléologique qui lui sert de moteur.

Tant que le sens du beau, considéré comme tel, est présenté comme le facteur décisif dans la sélection sexuelle, il reste tout à fait impossible de saisir de quelle manière la beauté agit sur les préférences sexuelles, et le problème de la dépendance entre le sens du beau et l'impulsion sexuelle reste sans solution. Maintenant que, suivant les deux considérations inconsciemment téléologiques données plus haut, nous avons appris à reconnaître l'instinct de la préférence sexuelle comme le facteur psychique déterminant dans la sélection, il ne sera pas difficile de démontrer comment l'appréciation de la beauté agit comme un mobile auxiliaire de cet instinct.

Il faut distinguer la beauté en beauté physiologique et en beauté morphologique. La première se développe d'elle-même dans un type morphologiquement donné sous les espèces de la santé, de la force, de la vitesse, de l'adresse, etc., comme nous l'avons déjà vu à l'occasion de la lutte pour l'existence. Sur ce genre de beauté agit non-seulement la sélection naturelle, mais aussi, sans vouloir la comparer, la sélection sexuelle par voie de lutte active entre les poursuivants. En outre cette beauté sert de symptôme à l'instinct de préférence sexuelle ; il en conclut inconsciemment à l'existence des particularités qui la produisent. Mais il n'est pas nécessaire que cet instinct se rende compte de la beauté qui lui sert de symptôme et de motif de détermination. Ainsi, par exemple, un jeune paysan grossier rencontre une jeune fille aux yeux hardis et brillants, aux joues rouges, aux dents blanches, à la riche chevelure, aux mamelles exubérantes, à la vigoureuse musculature, etc. ; il peut instinctivement reconnaître en elle l'objet approprié à ses désirs, sans percevoir comme beauté son impression totale ou sans l'analyser. Suivant cette analogie, on devra apprécier le processus psychique chez les animaux, non par comparaison avec l'homme cultivé qui, ayant la conscience que la beauté est la raison symptomatique déterminante du choix, se berce de l'illusion d'avoir trouvé, dans l'impression esthétique, la cause véritable de son penchant sexuel.

En ce qui concerne la beauté *morphologique* des organismes, elle se partage aussi en deux : d'abord la beauté *architectonique* des formes typiques principales et ensuite la beauté ornementale ou décorative. La première dépend exclusivement de la loi d'évolution interne, et n'est accessible à aucun des principes d'explication invoqués par Darwin ; la seconde, au contraire, peut d'autant plus agir sur l'instinct de la préférence sexuelle, qu'elle présente des caractères sexuels secondaires, dont le développement est corrélatif avec le développement des facultés généra-

trices et qui, par suite, peuvent servir de symptôme
et de mesure à ces dernières. Pour cet instinct, il est,
bien entendu, absolument indifférent que les caractères sexuels d'où il conclut, sans en avoir conscience,
à la puissance des facultés génératrices portent ou non
l'empreinte de la beauté (par exemple, ce peut être
des glandes répandant une odeur forte et désagréable);
il faut seulement que les particularités considérées
soient réellement des caractères sexuels secondaires,
et s'imposent aux sens comme des symptômes incon-
testables. Si en outre elles sont *belles*, il est, pour
le résultat, absolument indifférent de savoir si cette
beauté a été sentie comme telle par les animaux qui
ont fait le choix. Si cela arrive, c'est un accident
qui n'a rien à voir avec le processus de la sélection
sexuelle considéré en lui-même, et dont l'absence ne
compromet en rien ce processus. L'action insignifiante exercée chez les animaux par le sens du beau
dans la sélection sexuelle confirme notre hypothèse
précédente : savoir, qu'à l'exception des mammifères
et des oiseaux les plus intelligents il est difficile de
croire à un sens du beau chez les animaux.

La détermination du facteur psychique, faite par
Darwin dans sa théorie, résultait de ce qu'il a accepté
sans examen l'opinion populaire sur les causes psychiques dans la sélection sexuelle chez l'homme, et
qu'il l'a transportée, aussi sans examen, aux animaux.
Sous la forme qu'il lui a donnée, sa théorie ne pouvait
pas tenir devant une critique scientifique. Mais, si
l'on introduit le point de vue vrai, établi par Schopen-
hauer et développé plus tard par moi dans la *Philosophie de l'inconscient*, sur l'instinct humain dans la
préférence sexuelle, cette extension à l'instinct animal non-seulement n'offre plus de difficultés psycho-

logiques, mais au contraire est réclamée par les nécessités téléologiques, en sorte que la théorie de la sélection sexuelle, insoutenable dans le concept de Darwin, est remise sur pied [1].

Néanmoins, par cette différence dans la détermination du facteur psychique qui sert de base à la théorie, il y a quelque chose qui tombe ; c'est précisément le but que Darwin poursuivait dans cette théorie même, savoir la possibilité d'expliquer la beauté qu'on trouve dans une partie des caractères sexuels secondaires. Darwin cherchait à la représenter comme le résultat du sens conscient du beau chez les animaux ; mais, si la beauté de ces caractères sexuels secondaires ne joue aucun rôle dans le processus de la sélection, elle ne peut en aucune manière trouver son explication dans ce processus même, qu'il y ait ou qu'il n'y ait pas à un degré suffisant le sens du beau chez les animaux considérés. Cependant, si l'on arrive à se convaincre que, dans son essence, le sens du beau est presque tout-à fait inconscient, et que ses impressions n'arrivent que plus tard, d'une façon plus ou moins claire, à la conscience, il s'ouvre la possibilité que les animaux mêmes, qui n'ont aucune sensation *consciente* du beau, aient un sens *inconscient* de la beauté, lequel pourrait se satisfaire, dans leurs procédés techniques, par une formation inconsciente du beau. Ce ne serait

---

1. Wigand se contente de faire une critique négative de Darwin sans rechercher à exposer une théorie à lui, bien qu'il fût très-près de la véritable, à en juger par ce passage : « le bien-être éprouvé « par la femelle sous les excitations du mâle n'est rien autre chose « que l'appréciation *instinctive* (c'est-à-dire ici très-certainement *in- « consciente*) que la perfection des caractères sexuels secondaires est « en proportion de la puissance génératrice. »

là qu'une manifestation particulière de la tendance à la beauté qui agit dans l'impulsion formatrice organique, dont nous admirons les œuvres dans le règne végétal et chez les animaux inférieurs, où, sans conteste, il ne peut être question, pour la beauté, d'une cause différente [1].

Cette tendance inconsciente à la beauté, qui rentre dans la loi générale d'évolution interne, ne fera pas plus défaut à l'instinct de la préférence sexuelle, qu'aux instincts du mouvement gracieux et de l'habileté architectonique, parce qu'elle ne fait jamais défaut, parce que la nature, partout et toujours, se manifeste sous des formes aussi belles que le comportent, parmi les conditions données de la vie, les matériaux qu'elle emploie et le but plus élevé de l'aptitude vitale qu'elle cherche à réaliser. Aussi n'est-ce pas du point de vue de la psychologie de la pensée consciente des animaux, mais du point de vue de la loi générale d'évolution, qui qui réalise le plan général de création avec la beauté lui est immanente, et qui se manifeste, entre autres, dans l'instinct de la préférence sexuelle, que cet instinct se montrera en état de favoriser et de raffiner la beauté ornementale des organismes, au moyen du choix dans la concurrence pour la reproduction. Quant à *créer* cette beauté, il ne le peut pas même

---

1. Ici, comme dans la sélection naturelle, pour sauver l'unité d'explication dans tout le domaine des faits analogues, Wigand conclut qu' « une théorie qui est forcée de se restreindre à une partie des organismes, doit être absolument rejetée, précisément à cause de cette restriction nécessaire, même si elle était admissible dans ce domaine restreint. » Ici aussi, comme plus loin, cette conclusion est à rectifier : une théorie de ce genre, valable pour un domaine restreint, est admissible à titre de principe d'explication *auxiliaire*, à côté du principe un et général s'appliquant à l'ensemble des phénomènes considérés.

dans ces hypothèses, ainsi que cela été déjà prouvé par les cas certains constatés, où les mâles font la cour et les femelles choisissent sans qu'il y ait de caractères sexuels secondaires.

Ce qui doit créer cette beauté, c'est la loi d'évolution interne, aussi bien chez les animaux chez lesquels la sélection sexuelle trouve une application, que chez les animaux et les plantes auxquels elle ne saurait s'appliquer. La sélection sexuelle, tout comme la sélection naturelle, est donc simplement un principe *auxiliaire* d'explication, un expédient technique servant à fixer les embellissements obtenus par la variabilité régulièrement ordonnée, et conservés par l'hérédité régulièrement dirigée. C'est la même loi d'évolution interne qui ici, par voie de génération hétérogène, produit la beauté des formes typiques de l'organisation ; qui là, par la variabilité, perfectionne la beauté ornementale ; qui là enfin, par l'instinct de la préférence sexuelle, en assure la conservation. Tous les trois ne sont que les moments corrélatifs d'un processus d'évolution, comme les éléments isolés de la beauté ornementale ne sont eux-mêmes que les moments corrélatifs d'une face de ce processus, la variabilité. Si effectivement le type à réaliser doit être créé, en rapport avec les éléments morphologiques et chimiques constitutifs de la beauté, avec le concours d'une action psychique de l'animal, ce qui sert de base à une action auxiliaire de ce genre ne peut être que l'idée *inconsciente* de ce type, au point de vue de sa beauté ornementale. La présence d'une idée spécifique pareille, se manifestant dans les actes instinctifs, dans les régions inconscientes de l'âme animale, est quelque chose d'essentiellement différent de ce qu'on appelle le goût ou le sens du beau. On ne comprendrait pas que, par suite de différences dans les goûts, le mâle et la femelle d'une espèce de colibris, aient blanches à l'extrémité, le premier les quatre plumes moyennes, la seconde les six plumes externes de la queue. Le phénomène, au contraire, devient compréhensible, si les deux actions instinctives se dirigent suivant l'idée typique inconsciente de cette coloration dimorphe. De la manière inconsciente dont, dans ce cas, les idées de la nature travaillent à leur propre réalisation, on peut raisonnablement conclure à un procédé du même genre dans le développement direct de la loi d'impulsion formatrice, au moyen du processus de la croissance organique et de ses variations, de ses métamorphoses de germe, conformes à un plan.

Sous l'influence immanente de cette tendance vers le beau qui n'agit point comme telle dans le processus de la sélection sexuelle, mais qui est de la plus haute importance pour la réalisation du plan de création où figure la beauté, l'instinct de la préférence sexuelle s'élève au-dessus du soupçon conçu par quelques darwiniens, et d'après lequel (comme le darwinisme le prétend pour d'autres instincts), cet instinct devrait sa naissance à la sélection naturelle, même comprise tout à fait dans le sens darwinien. En effet le principe de sélection ne vise jamais plus haut que l'utilité ; la libre beauté, telle qu'elle résulte de la tendance esthétique inconsciente du processus de croissance et des instincts animaux agissant ensemble, méprise l'utilité.

La beauté est une addition aux nécessités de la vie, d'une valeur idéale indépendante. La beauté de la nature n'est pas créée par un Dieu bon, exclusivement pour le plaisir de l'homme, comme le pensent les compatriotes de Darwin, mais elle est encore bien moins, comme le pense Darwin lui-même, créée *par et pour l'animal aimé*, car elle est antérieure à tout animal; elle est aussi ancienne que la nature elle-même et elle mourra avec elle, car, suivant une loi éternelle, elle est attachée à la manifestation de l'idée dans le phénomène. A elle seule, la beauté de la nature devrait suffire pour nous convaincre directement de l'existence des idées qui s'y manifestent, et nous préserver pour jamais de l'erreur suivant laquelle un mécanisme mort pourrait tout expliquer.

Cet instinct de la sélection sexuelle qui conclut, d'une manière incompréhensible et inconsciente, des caractères sexuels secondaires à la puissance génératrice, et qui, d'une manière plus incompréhensible encore, se complique d'une tendance inconsciente vers le beau, mise au service de la réalisation des idées, est, dans la conception de Darwin, quelque chose de si manifestement bizarre, que son introduction, comme moteur psychique, dans un principe d'explication auxiliaire aussi important que la sélection sexuelle, équivaudrait à un aveu formel de l'insuffisance de ce concept mécanique de la nature. C'est précisément parce que le caractère, inconsciemment téléologique et esthétiquement idéal, de cet instinct se manifeste avec tant d'éclat, qu'il a une tout autre importance encore que l'activité intellectuelle consciente dans le principe de Lamarck, en tant que celle-ci se laisse subordonner, d'une manière plus évidente encore, aux tentatives matérialistes pour expliquer la vie intellectuelle, surtout si l'on ignore ou si l'on conteste les fonctions inconsciemment téléologiques qui concourent avec elle. Il en résulte que le darwinisme, par l'insuffisance de plus en plus évidente du principe de la sélection, est conduit à une série de principes auxiliaires d'explication qui s'éloignent progressivement de la notion mécanique et matérialiste du monde, qui la contredisent d'une manière de plus en plus frappante, pour aboutir enfin à la loi de corrélation correspondante, au pôle absolument opposé du point de départ, comme au principe qui seul peut être invoqué pour expliquer d'une manière générale l'ensemble de la nature organique.

La théorie de la sélection sexuelle, même si on la ramène dans les régions de la possibilité par une conception modifiée du facteur psychique, explique toujours aussi peu que la théorie de la sélection ou les principes de Geoffroy Saint-Hilaire et Lamarck, ce que le darwinisme a surtout la prétention d'expliquer, savoir l'histoire de l'évolution de l'organisation et, spécialement, la naissance des différentes espèces. Néanmoins, nous trouvons dans la sélection sexuelle, pour la première fois, un principe d'explication des différences morphologiques, mais celles-ci sont purement extérieures, décoratives, et laissent en dehors la forme typique, fondamentale, qui, avant tout, détermine l'espèce. Si donc, en réalité, la sélection sexuelle avait concouru à la formation d'espèces nouvelles, certains caractères de celles-ci devraient toujours être attribués à l'action de la loi de corrélation.

Avant tout il est à remarquer que, sur les trois facteurs qui constituent la sélection sexuelle, il n'y en a pas un seul sur lequel le darwinisme puisse élever la prétention de posséder, dans cette théorie, un principe mécanique d'explication. La variabilité, aussi bien que la transmission héréditaire ici doublement « capricieuse », aussi bien que l'instinct de la préférence sexuelle, apparaissent seulement comme trois

manifestations corrélatives de l'impulsion formatrice
interne qui, même là où la sélection sexuelle ne peut
plus agir, sait obtenir des résultats tout à fait équiva-
lents à ceux qu'elle obtient avec son concours. En
outre la portée de la sélection sexuelle, prise isolément, pourrait avoir été facilement exagérée par
Darwin à un plus haut degré encore que celle de la
sélection naturelle; peut-être en est-il convaincu au
même titre pour la première qu'il l'a déjà avoué
ouvertement pour la seconde. Dans la conclusion de
son grand ouvrage sur la sélection sexuelle (p. 34) il
confesse déjà maintenant que l'homme et tous les
animaux présentent des organes « qui, à notre con-
« naissance, ne leur sont d'aucune utilité mainte-
« nant, pas plus qu'à une autre période antérieure de
« leur existence, soit sous le rapport des conditions
« générales de leur vie, soit sous le rapport des rela-
« tions d'un sexe avec l'autre. Des organes de ce
« genre ne peuvent s'expliquer *par aucune forme de
« sélection*, non plus que par les actions transmises
« de l'usage ou du non-usage... Dans la majeure
« partie des cas, nous pouvons seulement dire que la
« cause de chaque modification peu importante (trans-
« formisme par variabilité), ou de chaque monstruo-
« sité (génération hétérogène), réside plutôt dans la
« nature ou la constitution de l'organisme (par con-
« séquent dans une loi *interne*), que dans la nature
« des conditions ambiantes (milieu extérieur), bien
« que la modification des conditions extérieures joue
« certainement un grand rôle dans la production des
« modifications organiques de toutes les espèces. »

A cela il manque simplement, pour être complet,
l'aveu formel qu'à cette catégorie d'organes des animaux qui ne peuvent être expliqués par aucun de ses

principes, et qui se développent conformément à des causes internes immanentes à la nature de l'organisme, appartiennent en réalité tous les caractères distinctifs des espèces, et en particulier l'ensemble des rapports de structure morphologique. Autrement dit, tout l'édifice des théories englobées sous le nom de darwinisme est abandonné dans son ensemble par son propre auteur, comme *n'expliquant en rien* l'histoire de l'évolution du règne organique. Nous nous voyons donc ramenés, par Darwin lui-même, pour résoudre le problème, à rechercher la loi d'évolution interne qui préside au développement des organismes.

d. — La loi de la corrélation.

La seule forme sous laquelle le darwinisme ait reconnu expressément jusqu'ici la loi d'évolution interne, c'est *la loi de corrélation de croissance et des modifications sympathiques.* Ce principe d'explication est le dernier refuge du darwinisme, celui où il se retire chaque fois qu'il est chassé de toutes les autres positions ; c'est la dernière réserve qu'il envoie au feu quand toutes les autres troupes ont épuisé sans résultat leurs munitions, ou encore l'auxiliaire toujours prêt à travailler sur les choses dont le collége constitutionnel des conseillers en titre n'avait pu venir à bout. Mais, bien que ce principe d'explication doive en réalité jouer le rôle de *factotum*, le darwinisme le tient caché dans le coin le plus obscur, et il ne l'en tire que sous la pression de nécessités extérieures, quand tout le reste ne peut plus servir. Il n'y a rien d'étonnant à ce que le Darwinisme éprouve devant cet auxiliaire une appréhension muette, une sainte terreur; car, en mettant plus en avant ce *factotum*, celui-ci apparaîtrait comme le *principe universel* (principe non mécanique) de la nature organisée, tandis que tous les autres principes darwiniens ne sont que des réalisations secondaires et des expédients techniques, venant en aide à ce principe même.

Par corrélation de croissance, il ne faut pas entendre seulement, qu'un organe dépend de l'autre dans un rapport physiologique déterminé, et que toutes les parties du même organisme présentent une certaine solidarité dans le processus vital physiologique, dont l'économie serait troublée, aussi bien par l'atrophie que par le développement exagéré d'un organe isolé du détriment des autres.

Par corrélation il faut entendre aussi une action systématique et morphologique mutuelle de tous les éléments de l'organisme, aussi bien sous le rapport des formes typiques fondamentales que sous le rapport de la structure anatomique et microscopique des tissus. C'est précisément ce dernier aspect de la corrélation qui est le plus important, parce qu'il se dérobe à toute explication mécanique appuyée sur le hasard, sur l'habitude ou l'utilité, et les lois de la nature inorganique sont ici visiblement encore bien plus insuffisantes que dans l'explication du processus de la vie physiologique. Il s'agit ici en effet précisément du plus grave problème de la philosophie de la Nature, de la raison de l'*évolution progressive* de l'organisation considérée en elle-même, évolution qui, comme nous l'avons vu plus haut, comporte une sorte de perfection toute différente de celle de la simple adaptation.

Darwin lui-même, dans le 25e chapitre de son ouvrage, réunit un grand nombre d'exemples frappants où une modification quelconque, dans une partie du corps quelconque, entraîne une modification corrélative à un tout autre endroit et dans une tout autre sphère. Des observations de ce genre ont une grande valeur pour rendre la grande portée et la mystérieuse signification de la loi de corrélation intelligibles même aux savants dont l'esprit est ratatiné et restreint à l'empirisme pur; mais elles sont à peine nécessaires pour les penseurs, qui se décideront difficilement à douter du lien systématique interne, de l'union indivisible dans les rapports normaux, bref de la loi de dépendance régulière de tous les caractères qui constituent le type d'une espèce. Si une espèce doit se changer en une autre, il y a tout un ensemble qui change suivant une loi; la modification isolée d'un seul caractère ne peut être présentée comme rentrant dans la physiologie normale; c'est là au contraire un processus anormal, une monstruosité qui tombe dans le domaine de la pathologie, au sens le plus large.

Le darwinisme se voit donc forcé, même par les faits, par l'expérience, de reconnaître la corrélation régulière de tous les caractères appartenant au type d'une espèce. Par là il renverse ses principes mécaniques d'explication qui aboutissent tous à faire concevoir le type comme une sorte de mosaïque assemblée par le hasard des événements extérieurs, comme un agrégat fortuit de caractères, produits isolément ou l'un après l'autre par la sélection ou l'habitude. En reconnaissant la loi de corrélation, le Darwinisme reconnaît du même coup que toute modification systématique individuelle de quelque importance, dans le processus normal, est immédiatement liée à un système de *modifications corrélatives;* il détruit sa propre hypothèse de la variabilité indéterminée repo-

sant sur des influences purement fortuites, qui sert de
base au concept mécanique des deux formes de sélection. Car on ne peut demander à personne de considérer comme purement fortuit un ensemble de modifications corrélatives se produisant dans les parties
du corps les plus différentes, et conservant entre elles
les mêmes rapports. L'exclusion du hasard dans la
variation d'ensemble s'étend naturellement, et de la
même manière, à chacune des modifications corrélatives prises isolément.

En étudiant la sélection dans la lutte pour l'existence, nous avons déjà vu que toutes les modifications sont corrélatives dans un sens plus ou moins
étendu, et que même l'utilité des variations, ainsi que
le degré de leur adaptation, n'est jamais que *relative*,
par rapport aux modifications corrélatives dont il faut
supposer l'existence préalable. Nous avons vu ensuite
que ces dernières modifications, supposées corrélatives, ne se restreignent nullement aux autres parties
d'un même organisme, mais s'étendent, au contraire,
assez souvent à de tout autres domaines de l'organisation générale, qui sont avec les premiers, au point
de vue vital, dans un certain rapport d'échange; nous
avons déjà fait remarquer à cette occasion que cette
dernière extension de la loi de corrélation exclut,
dans l'organisme isolé, jusqu'à la possibilité de croire
à une cause mécanique et matérielle de la corrélation. Mais maintenant nous trouvons partout des rapports d'échange entre les différents domaines du
règne organique, c'est-à-dire que la loi de corrélation
embrasse, dans un sens direct ou indirect, l'ensemble
de la nature organique (et inorganique); ou, en d'autres termes : la loi de corrélation est, en langage
darwinien, précisément ce qu'on appelait jusqu'ici

l'harmonie (ou la concordance) du plan de création. Quand on parle du plan de création, ou de la loi d'évolution qui le réalise, on entend par là l'essence idéale des types naturels. Mais quand on parle de l'harmonie du plan de création ou de la loi de corrélation qui le réalise, on entend par là les rapports idéaux des différents éléments entre eux et avec l'ensemble du plan de création. Or, on avouera que la somme des types idéaux contient déjà implicitement la somme de leurs rapports idéaux, et que la somme des rapports idéaux suppose déjà l'essence spécifique des types et réciproquement en est la conséquence. C'est donc mettre une différence seulement dans les mots et non dans les choses, que de parler d'une loi de *corrélation* organique ou d'une loi d'*évolution* organique; en admettant l'une le darwinisme a confessé aussi l'autre.

L'hypothèse inévitable de cette loi d'évolution interne (corrélative) détruit, de fond en comble, les hypothèses du concept mécanique du monde que le darwinisme s'était efforcé d'édifier sur ses autres principes, et, pour expliquer le perfectionnement morphologique constant de l'organisation sur la terre, il ne reste debout que ce principe universel. Si le darwinisme en convient, il ne pourra pas non plus se soustraire à la conséquence immédiate, qui est que tous ses autres principes d'explication, même dans les cas relativement restreints où ils sont applicables, ne prennent une importance, assez mince d'ailleurs, que comme expédients techniques secondaires, et ne peuvent nullement ambitionner le rang de principes se suffisant à eux-mêmes dans tout le domaine de leur application. La philosophie pourrait se considérer comme pleinement satisfaite de cet aveu, sans se préoccuper si les limites, entre lesquelles le principe peut s'appliquer, seront un peu dépassées d'un côté ou de l'autre dans le cours ultérieur de la discussion, et si quelques arguments isolés de la critique faite plus haut seront plus ou moins ébranlés. Ce qui intéresse la critique philosophique, c'est la preuve établie d'une manière irréfragable d'abord, que le concept mécanique matérialiste du monde se transforme de lui-même dans le concept opposé, et ensuite que tous les principes d'explication de Darwin, à l'exception de la loi d'évolution corrélative, se sont montrés impuissants à résoudre le problème qu'on prétendait avoir résolu, savoir « la formation des espèces et l'évolution ascendante de la vie organique sur la terre. » Darwin lui-même qui, par la découverte de ses principes originaux d'explication, avait été conduit à présenter les types organiques comme tenant exclusivement leur empreinte du milieu extérieur, est obligé de finir par reconnaître qu'on ne peut les concevoir que comme des résultats d'une loi d'évolution interne. En même temps, de l'hypothèse acceptée d'une loi interne de l'évolution corrélative considérée comme principe servant seul à expliquer la perfection croissante de l'organisation, il ressort, comme conséquence immédiate, qu'il n'y a plus lieu de s'inquiéter des raisons qui avaient poussé le darwinisme à nier la théorie de la génération hétérogène, à contester la parenté non généalogique résultant des analogies de l'évolution interne, et à s'opiniâtrer contre les faits. Ces raisons, en effet, reposent sur sa répugnance, démontrée logiquement insoutenable, contre l'explication au moyen d'une loi d'évolution interne venant remplacer l'explication par des causes mécaniques extérieures.

PARENTE SYSTÉMATIQUE DES TYPES

PARENTÉ RÉELLE RÉALISÉE PAR LA DESCENDANCE

TRANSFORMISME GRADUEL

SÉLECTION NATURELLE

Sélection dans la lutte pour l'existence	*Transmission héréditaire* des particularités acquises individuellement par imprégnation d'une disposition héréditaire.	*Variabilité* dans la direction, l'intensité et la corrélation conformes à un plan.	Action directe des *circonstances extérieures* sur la tendance préalable et interne à la modification.	Influence de *l'usage* et du *non-usage* suivant les nécessités de l'instinct ou d'après l'activité téléologique consciente.	*Sélection sexuelle* par l'instinct de la préférence sexuelle suivant des idées typiques inconscientes.	*Loi de corrélation* de la croissance et des modifications dans un seul organisme ou dans des organismes différents.	*Génération* hétérogène par une métamorphose du germe conforme à une loi.	*Parenté idéale* réalisée par des analogies dans l'évolution régulière.

Procédé mécanique

MANIFESTATIONS DIVERSES DE LA LOI D'ÉVOLUTION INTERNE

THÉORIE DE L'ÉVOLUTION ORGANIQUE

CHAPITRE VII

MÉCANISME ET TÉLÉOLOGIE.

Le tableau qui précède montre, plus clairement qu'un résumé ne pourrait le faire, le résultat particulier de nos recherches qui, partant d'un fait, la parenté systématique des types, nous ont conduit, par une suite de déductions, à une hypothèse du genre de celles que l'idéalisme réclamait depuis longtemps.

La « théorie de l'évolution organique », expression par laquelle nous avons pu résumer l'ensemble des théories et des principes d'explication admis plus haut, est la théorie à la lumière de laquelle le darwinisme doit corriger, par la critique, son point de vue restreint et les innombrables erreurs qui en découlent. Elle embrasse *tous* les éléments du darwinisme, mais elle les subordonne, comme des auxiliaires purement mécaniques, à la loi d'évolution, ou elle en fait des manifestations particulières de la théorie générale de l'évolution; elle admet, en outre, des éléments que le darwinisme tend à exclure par une fausse appréciation des choses. C'est surtout par l'introduction de ces éléments nouveaux, supérieurs comme importance à ceux du darwinisme (la théorie de la descendance exceptée), que la théorie nouvelle est plus vaste et plus compréhensive.

On peut maintenant prétendre que les partisans de la théorie de la descendance, en Allemagne, la comprennent déjà plutôt comme une théorie d'évolution organique dans le sens expliqué, ou, tout au moins, s'efforcent de faire lever l'excommunication prononcée par le darwinisme contre un concept de ce genre, plus satisfaisant pour le monde des penseurs.

On pourrait donc voir définitivement abandonné avec le temps, le nom de darwinisme qui souvent, par déférence pour le promoteur d'un mouvement nouveau dans la philosophie naturelle et dans les esprits, est conservé très-mal à propos à un ensemble de théories qui ne sont pas essentiellement modifiées. La dénomination d'une théorie par le nom de son auteur fait toujours une impression d'une autorité restreinte, qui ne semble pas d'accord avec les choses. On adopterait à la place l'expression de « théorie d'évolution organique », si l'on ne préfère pas, en laissant de côté la parenté idéale non généalogique, s'en tenir à l'expression de « théorie de la descendance ». Car c'est la théorie de la descendance qui est la partie la plus importante, et jusqu'ici la plus attaquée, de cette théorie d'évolution interne. L'empirisme étroit de la science et le dogmatisme étroit de la théologie avaient fait alliance pour combattre toute théorie de descendance, au profit de la constance des espèces créées isolément. C'est même là un grand mérite de Darwin d'avoir repris le combat, sur la théorie de la descendance, avec ses arguments en faveur de l'élasticité de l'espèce ; c'est aussi un grand mérite d'Ernest Hæckel d'avoir fondu en un système un et clair les idées de Darwin, jusque-là isolées les unes des autres, et surchargées d'une masse informe d'éléments empiriques.

Hæckel était assez allemand, pour reconnaître sans détour que la nouvelle théorie de la filiation réciproque des espèces et de l'unité de la souche généalogique du règne organique n'appartenait plus en propre à la *science*, mais à la *philosophie* de la nature, et qu'elle ne pouvait résulter que d'une association de considérations empiriques et scientifiques avec des spéculations philosophiques. Il a remis ainsi en honneur dans la science la philosophie si longtemps dédaignée. et même, dans sa *Morphologie générale*, il a apporté à la philosophie de la nature un contingent de considérations de grande valeur. Malheureusement cette intervention de la philosophie n'a pas été suffisante pour le détacher du préjugé à la mode, le concept mécanique du monde, et ce préjugé le domine tellement qu'il l'a empêché jusqu'ici d'admettre même les restrictions et les rectifications dont Darwin lui-même, avec une loyauté incontestable, a confessé la nécessité. Tandis que Darwin, en reconnaissant l'importance de la variabilité spontanée et l'invraisemblance de la transmission héréditaire des propriétés individuellement acquises, a retiré toute base solide comme explications mécaniques à ses deux formes de sélection et au principe de Lamarck ; tandis qu'en restreignant l'influence de la sélection naturelle aux caractères *adaptifs*, il a, par cela même, attribué le progrès de l'organisation à la loi *interne* du développement corrélatif, Hæckel prétend encore, dans la 4° édition de son *Histoire de la Création naturelle*, que Darwin a été le Newton, considéré par Kant comme chimérique, qui, par sa théorie de la sélection, a résolu réellement le problème de faire comprendre la création d'un brin d'herbe, suivant des lois naturelles qu'aucun dessein ne gouverne. Darwin repousserait très-certainement, et sans hésiter, ce compliment dangereux que lui adresse généreusement le principal représentant actuel de sa doctrine, devenu plus darwinien que Darwin lui-même.

En tout cas, auparavant, Kant pourrait bien avoir raison contre Hæckel. Kant, en effet, n'a pas seulement été le premier, comme le reconnaît Hæckel avec fierté, à soutenir la théorie de la descendance, quoique par une simple indication ; mais il l'a présentée *précisément* sous la forme à laquelle est arrivé le darwinisme, amendé par les critiques qui précèdent, c'est-à-dire sous la forme d'une théorie d'évolution organique. Kant repousse d'une part l'*occasionalisme* suivant lequel chaque génération verrait se produire une nouvelle création de la main de Dieu, lequel, par des motifs étrangers à la science, se ferait une loi constante de compliquer cette création de la formalité d'un processus de génération. D'autre part, il se prononce contre la théorie de l'involution ou l'emboîtement des germes préformés dès le début, qui est aujourd'hui reprise, dans ses parties essentielles, par la généalogie des cellules primitives de M. Wigand. Kant s'explique plutôt en faveur d'une théorie de l'évolution productive ou épigenèse, et pour « l'impulsion formatrice » métaphysique de Blumenbach, dans laquelle il reconnaît des causes agissant spontanément, par suite immatérielles, venant s'ajouter aux forces et aux propriétés de la matière pour expliquer les formes organiques, et dont la collaboration,

dans le cours du processus d'évolution organique, lui
paraît une hypothèse beaucoup plus simple que la
somme des dispositions, extrêmement compliquées,
auxquelles la théorie de l'involution est obligée de
recourir, pour la conservation de ses organes et de
ses germes créés dès l'origine.

Kant considère en outre l'histoire tout entière de
la vie organique comme un processus d'évolution; au
commencement déjà, cette vie organique ne peut
s'être produite par un procédé purement mécanique,
car la *generatio æquivoca* ne pourrait s'accorder
avec cette manière de concevoir les choses. En premier lieu il fait naître les animaux « dont la forme est
plus imparfaite; ceux-là en engendrent d'autres qui se
perfectionnent, proportionnellement à la place qu'ils
occupent et aux rapports mutuels qui existent entre
eux; il suppose même là une génération hétérogène,
ou, comme il l'appelle, *hétéronyme*. A côté de ce
levier principal de l'évolution, la génération hétérogène, il introduit aussi les modifications fortuites et
une action auxiliaire de leur transmission héréditaire
dans le processus d'évolution; il insiste cependant
sur ce que tout cela ne pourrait être considéré que
comme une « évolution occasionnelle d'un organe
existant régulièrement et dès l'origine dans une espèce ». De même il a toujours conscience que toute la
descendance n'est qu'un véhicule mécanique servant
à réaliser le but de la nature, et qu'en général tout
mécanisme de la nature doit être *subordonné* à l'organisme (il dit au technicisme téléologique) et doit
rester tel dans notre pensée.

Comme nous ne pouvons dans aucun cas savoir
à priori « tout ce que fait le mécanisme de la nature
comme moyen de réaliser son but, et jusqu'où s'étend

le mode d'explication mécanique possible pour nous, »
il s'ensuit que le devoir de la science est de repousser
partout *aussi loin que possible* tout essai d'explication mécanique. Kant se maintient dans cette proposition fondamentale que « le simple mécanisme de
« la nature est tout à fait insuffisant à expliquer ses
« produits organiques. » Autrement dit, surtout sous
e rapport de la forme des organismes, il y a un reste
mécaniquement inexplicable, dont l'explication réclame le concours de « l'impulsion formatrice » métaphysique. L'importance de ce reste, l'étendue du
domaine de l'explication mécanique sont également
indifférentes ; en même temps l'explication téléologique subsiste dans ses droits inattaquables, « parce
que dans un jugement téléologique de la matière,
même si la forme qu'il admet n'est considérée comme
possible que par rapport à son but, néanmoins,
suivant sa nature et d'après des lois mécaniquo,
*elle peut être subordonnée comme moyen à ce but
proposé d'avance.* » Il faut se mettre en garde seulement contre la confusion de ces deux ordres de
considération, et contre la manie de vouloir évincer
entièrement l'un au profit de l'autre, ce qui, par
deux voies et au même degré, conduit à des hallu-
cinations chimériques ou mystiques. Ces deux ordres de considérations, en effet, reposent sur l'expérience, ont des droits égaux, et s'il pouvait être
question d'une contradiction ou d'un dualisme, ils
nous seraient imposés par les conclusions de l'expérience que nous ne sommes pas fondés à négliger,
parce qu'il nous plaît de nier arbitrairement une
des faces de la question au profit de l'autre.

On ne peut vraiment se tirer de ce dualisme de
système d'explications et de considérations, qu'en

cherchant, et en trouvant, pour chacune des faces de la question, un principe d'unité dont elles ne sont que les moments. Il doit y avoir, en effet, un principe supérieur d'unité, si l'on veut que les deux ordres de considération puissent subsister sans contradiction à côté l'un de l'autre et dans le même produit naturel. « Le principe qui peut rendre leur union pos-« sible dans le jugement suivant la nature, doit ré-« sider dans ce qui est en dehors des deux (et par « suite aussi en dehors de la représentation *empi-*« *rique* possible de la nature), dans ce qui en con-« tient la raison, c'est-à-dire dans le *transcendantal,* « et chacun des deux modes d'explication doit s'y « référer (*Critique du jugement*). » Kant a donc en réalité triomphé de la contradiction donnée inductivement, et ne s'est laissé détourner que par sa fausse théorie de la connaissance, de déterminer de plus près ce principe d'unité parce qu'il est transcendantal, bien qu'il tombe sous le sens que l'un des deux principes, le principe téléologique, avec lequel il s'arrange sans difficulté, est déjà *transcendantal* de sa nature. A l'exemple de Hégel j'ai comblé ces lacunes et défini le principe de la nécessité logique, comme celui dont les faces diverses se présentent sous la forme d'une régularité causale et téléologique. (*Philosophie de l'inconscient.*)

Si Hæckel avait pénétré plus profondément dans le sens clairement exprimé des hypothèses de Kant, il ne lui aurait pas adressé le reproche peu fondé, comme on voit, d'être resté dans le dualisme de la causalité et de la téléologie, et il se serait peut-être préservé lui-même de ce qui lui est arrivé, savoir : d'être retombé, malgré tous ses efforts, dans le dualisme incriminé pour avoir dédaigné de suivre et d'agrandir la seule route possible, indiquée par Kant, qui conduise à la solution.

Le matérialisme antérieur à Darwin avait simplement nié l'ordre dans la nature en dépit des faits; le darwinisme l'a reconnu de nouveau, mais il a cru pouvoir l'expliquer comme le résultat de processus purement mécaniques. Or, si on admet l'ordre de la nature comme un fait, et si l'on prétend y voir le résultat de phénomènes mécaniques, on se trouve dans l'alternative suivante : ou l'ordre des phénomènes résultant du mécanisme de la nature n'appartient pas à l'essence des lois mécaniques naturelles et n'existe qu'à titre d'*accident*, ou il est une conséquence nécessaire et inéluctable de ces lois, il ressort de leur essence.

Dans le premier cas disparaît de nouveau la prétendue possibilité d'expliquer l'harmonie des phénomènes exclusivement par les lois mécaniques naturelles, *car le hasard* devient le seul facteur décisif de la présence de l'ordre, ce qui, en d'autres termes, anéantit la possibilité d'une explication par des principes agissant suivant un plan. Par rapport à la science qui veut une explication par des principes agissant régulièrement, il subsiste le dualisme de la régularité mécanique et de la téléologie *non explicable*. C'est là, en réalité, la position où se trouve Hæckel qui, à chaque pas, doit appeler le hasard à son aide dans les combinaisons les plus invraisemblables.

Dans l'autre cas, au contraire, si l'on repousse, comme antiscientifique, l'intervention du hasard, et si l'on considère le résultat des actions régulières de causes mécaniques comme quelque chose de lié à l'essence des lois mécaniques, on arrive, il est vrai, à supprimer en réalité le dualisme, mais seulement en acceptant l'idée de téléologie comme *partie inté-grante* de l'idée de mécanisme, ce qui revient à re-connaître qu'il appartient nécessairement à l'essence du mécanisme de produire des actions conformes à un plan, c'est-à-dire d'être *téléologique*.

Ceci est certainement vrai (déjà le mot de méca-nisme, c'est-à-dire un appareil de *réalisation*, un sys-tème de *moyens*, manifeste l'immanence d'un but), seulement il faut alors renoncer à combattre tout principe téléologique, puisqu'on a reconnu un prin-cipe qui est téléologique de sa nature la plus in-time ; — il faut renoncer à présenter comme absolu-ment contradictoires l'idée de mécanisme et celle de téléologie, puisque l'une renferme l'autre ; — il faut cesser de parler de mécanisme *mort*, puisqu'il est de l'essence de ce mécanisme de se manifester sans cesse comme *vivant*, comme la vie organique elle-même. En somme : si le mécanisme des lois de la nature n'était pas téléologique, il n'y aurait aucun mécanisme de lois agissant de concert, mais un stu-pide chaos de puissances indépendantes allant droit devant elles comme des taureaux. Pendant que la causalité des lois inorganiques ruine le surnom de *lois mortes* qui leur avait été donné, et qu'elle se présente comme « la matrice universelle de la vie et de l'ordre qui se manifeste partout », elle mérite le nom de loi *mécanique*, comme un assemblage de roues et d'organes mécaniques faits de main d'homme , qui se meuvent réciproquement d'une façon déterminée, mérite le nom de mécanisme ou de machine , dès que se manifeste la téléologie *imma-nente* de l'ensemble et des différentes parties.

Hæckel va si loin que le mécanisme d'une locomo-tive, dont les mouvements frappent un sauvage de surprise et qui lui semble animée par un esprit puissant, lui paraît un exemple de nature à prouver simplement la possibilité de concevoir un appareil aussi compliqué que la locomotive ou l'œil humain, dans son essence *purement mécanique*, et à dissiper l'illusion téléologique. (Nat. Schöpf. Gesch. 4 Aufl. S. 635.) Mais l'exemple prouve strictement le contraire; il prouve notamment qu'on ne peut attribuer à juste titre le nom de mécanisme qu'aux assemblages où la téléologie est immanente dans le même sens que pour la locomotive, dont le sauvage considère l'existence avec raison comme la preuve d'une intelligence supérieure à la sienne, et dont l'étonnante appropriation à un but n'est en rien diminuée, même si l'on est arrivé à une vue complète du mécanisme considéré comme tel. Nous sommes aussi dans notre droit quand nous admirons dans le grand mécanisme, bien plus surprenant encore, de la nature, la manifestation d'une intelligence très-supérieure à la nôtre, et notre admiration croît, au lieu de diminuer, quand il nous arrive de saisir peu à peu et de plus en plus avec notre entendement l'ensemble de ce mécanisme.

Contre un pareil concept de la subordination de la nature à des lois, concept qui implique la téléologie, loin de l'exclure, il n'y aurait donc rien à objecter. Seulement le problème *philosophique* qui consiste à démêler comment la causalité et la téléologie arrivent à se confondre dans les lois de la nature, n'avance point d'un pas et reste stationnaire. On a même déjà compris que, s'il peut être question d'un mécanisme, la téléologie y est déjà impliquée par là même; mais la manière dont se forme un semblable mécanisme téléologique, la raison qui fait agir la causalité suivant des lois telles qu'il en résulte un mécanisme véritable, c'est-à-dire téléologique, tout cela reste aussi obscur qu'auparavant. Il ne reste donc que deux alternatives : ou le miracle d'une harmonie préétablie ou le recours à un principe supérieur d'unité, dont la causalité et la téléologie ne sont que deux faces différentes.

Nous pourrions approcher de la solution en partant de l'extrémité opposée, c'est-à-dire de la téléologie. Néanmoins, après avoir une fois reconnu la nécessité de l'unité des deux éléments, il n'est plus possible en réalité de déterminer par lequel nous devons commencer ; nous devons toujours être ramenés de l'un à l'autre, puisque les deux idées sont inséparables.

La téléologie veut être la théorie des fins qui prouve l'existence des fins dans la réalité, et la manière dont la nature réalise les fins qui ne sont pas encore réelles, c'est-à-dire qui sont idéales. Mais comment la fin idéale peut-elle se réaliser sans une matière dans laquelle et par laquelle elle se réalise ? Et s'il en est ainsi, comment la fin peut-elle se réaliser sans l'intermédiaire de cette matière qui lui sert de moyen de réalisation ? Le but peut-il être but sans moyen correspondant? peut-il être question de téléologie sans un mode quelconque d'intermédiaire naturel, sans un système de moyens naturels, c'est-à-dire un *mécanisme* ? La matière dans laquelle la fin se réalise et les moyens mécaniques par lesquels elle se réalise, ne peuvent être conçus que comme un mécanisme, c'est-à-dire que comme une somme de forces de l'activité des lois naturelles. En d'autres termes, la téléologie *suppose* le mécanisme, elle est *impossible* sans lui comme, inversement, le mécanisme est impossible sans la téléologie. Si l'on supposait donné le mécanisme *absolu*, la téléologie *absolue* se réaliserait par là même ; si l'on supposait la téléologie réalisée d'une façon *absolument téléologique*, cette réalisation devrait être *absolument mécanique*. Si les matérialistes pouvaient nous prouver que le monde est le mécanisme absolu, les téléologues ne pourraient que leur en être reconnaissants, car ils auraient prouvé du même coup que la téléologie est réalisée dans le monde de la manière absolument téléogique, de la manière la plus conforme à la finalité qu'il soit possible de concevoir. Inversement, si les téléologues pouvaient prouver que leur dieu absolument sage et puissant ne trouve, dans aucune contradiction interne des choses ni dans aucune impossibilité formelle, des obstacles qui l'empêchent de réaliser ses fins de la façon absolument téléologique, ils auraient prouvé par là même que le monde doit être en réalité un mécanisme absolu, c'est-à-dire que rien ne peut se produire en lui en dehors de l'édifice des lois mécaniques.

Malheureusement, la faiblesse de notre entendement ne nous laisse aucune chance de déterminer, à *priori*, si la réalisation purement mécanique des fins naturelles se heurte à des impossibilités internes réelles ou formelles ; nous sommes donc ramenés au procédé inductif, et nous devons chercher, à *posteriori*, dans quelle mesure les lois mécaniques de la nature se montrent suffisantes pour expliquer la finalité, inductivement constatée par nous, des produits de la nature. Ici il faut naturellement s'attendre à un déplacement permanent des limites de notre connaissance. Actuellement voici où en sont les choses : ce n'est que pour le domaine de la nature inorganique qu'on croit pouvoir se contenter de lois mécaniques (dans le sens ordinaire du mot) ; dans le domaine de la nature organique, au contraire, il paraît nécessaire d'associer à ces lois mécaniques le concours d'autres lois *organiques* de formation ou d'évolution, et de leur assigner pour base, à l'exclusion des forces matérielles atomiques, un autre principe métaphysique. Nous devons dire tout de suite que, dans l'état actuel de nos connaissances, il n'y a pas lieu de chercher à prévoir si cette hypothèse pourra jamais être rendue inutile par de nouveaux progrès de la science et, que, par conséquent, la nécessité de cette hypothèse peut être considérée comme une notion aussi probable qu'une quelconque de celles que peut fournir la connaissance inductive sur de pareils sujets. Par contre, nous devons nous tenir en garde contre l'assertion sans fondement émise par Kant que, suivant une proposition découlant de l'idée de téléologie, toute explication mécanique de produits d'une nature organique doit rester sans utilité, car la téléologie ne serait nullement altérée par une supposition de ce genre.

Dans la nature, la téléologie et le mécanisme se comportent donc exactement comme les idées de but et de moyen : chacun ne peut être sans l'autre ; ils sont réciproques. Mais, s'il faut attribuer la prééminence à l'un des deux c'est assurément à la téléologie ; car le moyen est à cause du but et non le but à cause du moyen. Au fond tous deux ne sont que les moments d'un *processus logique*. La *nécessité logique* est le principe d'unité qui se présente d'un côté sous l'apparence morte de la causalité des lois naturelles mécaniques, et de l'autre sous la forme de téléologie. Ce qui s'appelle là action régulière d'une cause, s'appelle ici conséquence cherchée du moyen employé ; la finalité vue par une de ses faces apparaît comme causalité, et la causalité, en tant qu'elle agit avec elle pour arriver à une certaine conclusion (par intérim), se montre aussi comme finalité, bien que, dans le processus mécanique, on n'ait rien remarqué de semblable. D'une part, l'organisation apparaît ainsi comme le produit (mais nullement jusqu'ici comme le produit *exclusif*) du mécanisme de la nature inorganique ; et, d'autre part, ce mécanisme est un système de moyens pour la production de l'organisation et de sa finalité ; les deux propositions sont également vraies, et l'une n'est que parce que l'autre est aussi.

La critique du darwinisme nous a montré que, jusqu'à présent, la finalité organique ne peut par aucun côté apparaître comme le résultat exclusif de processus purement mécaniques, car le seul facteur pouvant être considéré comme purement mécanique, la sélection dans la lutte pour l'existence, ne peut à lui seul obtenir aucune action finale ; pour la sélection naturelle il demande à être complété par deux autres facteurs qui ne sont plus de nature mécanique, qui portent au contraire essentiellement la trace d'une impulsion formatrice organique téléologique. Même abstraction faite du champ restreint de son application et de la valeur, purement *auxiliaire*, de la sélection naturelle comme agent subalterne d'un principe très-capable d'arriver aux mêmes résultats sans son concours, cette preuve suffirait à elle seule à ruiner toutes les expériences invoquées par le darwinisme pour expliquer la finalité des résultats organiques par des principes purement mécaniques.

Si la sélection naturelle était, en réalité, comme le darwinisme se l'imagine, d'abord un principe *purement mécanique*, et en second lieu un principe *in-*

dépendant (non pas simplement auxiliaire), son champ d'application devrait être encore restreint ; il suffirait au moins de donner un seul exemple de ce que prétend le darwinisme, et il y aurait ainsi place pour l'espérance d'arriver, au moyen de recherches ultérieures, à d'autres principes mécaniques servant à expliquer la finalité organique. Mais maintenant que le principe de sélection se montre comme un principe composé de facteurs mécaniques et organiques, il ne peut s'étayer que sur la base d'une évolution interne ; et la conclusion qu'on en peut tirer par analogie ne peut être que la suivante : selon toute vraisemblance, tous les autres principes qu'on pourra encore découvrir pour expliquer la finalité organique *ne* seront *qu'en partie* de nature mécanique, et ne pourront développer une activité, restreinte à une coopération, que sur la base d'un principe d'évolution organique préalablement supposé.

Si donc, du côté des darwiniens, partant d'un point de vue mécanique pour expliquer la finalité organique, on attribue à la théorie de la sélection de Darwin « la valeur d'un fait philosophique éminent dont la portée, en ce qui concerne la transformation des systèmes philosophiques, s'étend à perte de vue dans chaque ordre d'idées [1], » cette opinion ne repose pas seulement sur une appréciation exagérée du rôle joué par le principe de la sélection ; elle s'appuie sur une vue fausse dans son principe, et les conséquences déduites de cette erreur fondamentale tombent naturellement devant la modification

---

1. Cf. l'écrit anonyme intitulé *l'Inconscient du point de vue de la physiologie et de la théorie de la descendance*. Berlin, C. Dunker, p. 30 et 28-29.

principale introduite par la *Philosophie de l'Inconscient*. Les exemples cités dans cet ouvrage de processus de compensation tirés de la nature inorganique ne peuvent rien apprendre sur le mode de formation de la finalité organique à cause du changement de domaine ; car, sur le terrain inorganique, l'intervention de moyens purement mécaniques peut être aussi peu mise en doute que, sur le terrain organique, le concours de processus mécaniques de compensation. La nature inorganique se distingue de la nature organique en ce que tout en elle, y compris les destinations finales, se produit *sans le concours d'un principe organisateur*; comment est-il admissible de conclure de l'une à l'autre des analogies qui ne semblent prouver qu'une chose, *l'ignorance de la différence spécifique* des deux domaines ! En langage darwinien on a dit que, dans la nature inorganique, il n'y a pas de sélection naturelle, mais simplement une sélection par voie de lutte pour l'existence. Les facteurs organiques, la variabilité spontanée dans la génération et la transmission héréditaire, font défaut; à leur place, on trouve les résultats (renouvelés dans la nature organique pendant la durée de chaque génération) de chaque sélection par voie de lutte pour l'existence, comme les produits téléologiques durables du processus mécanique, jusqu'à une destruction possible par des causes extérieures [1].

1. Voir la tentative remarquable du Dr Carl du Prel dans son écrit : *La lutte pour l'existence dans le ciel*, pour présenter la finalité, l'ordonnance et les mouvements des groupes cosmiques comme le résultat de processus mécaniques de compensation; et aussi la tentative analogue de Pfaundler dans son essai *La lutte pour l'existence entre les molécules* (Annales de Poggendorff), relatif au processus fondamental de la chimie, bien qu'ici il n'y ait pas à craindre, comme pour M. du Prel, la tentation de passer dans le domaine organique.

Si donc, d'une part, il est prouvé par notre analyse que la téléologie et le mécanisme sont inséparables et qu'il est impossible, en étendant le domaine mécanique, d'y renfermer le domaine téléologique ; si d'autre part il est établi qu'on ne peut entreprendre d'expliquer scientifiquement la finalité organique par des principes purement mécaniques, le darwinisme se verrait réduit à prouver, par une voie *indirecte*, que les principes mécaniques suffisent à expliquer tous les phénomènes, organiques ou inorganiques ; il devrait combattre, par voie *spéculative*, la possibilité d'un principe d'organisation agissant à côté du mécanisme des lois organiques. Mais fût-il même arrivé à ruiner cette possibilité, qu'une négation de ce genre n'étendrait pas d'un cheveu notre intelligence positive des processus naturels ; en tout cas ce ne serait point à dédaigner, au point de vue philosophique, que d'arriver, d'une hypothèse reconnue insoutenable, à l'aveu d'une ignorance complète.

En tant que la critique s'appuie sur la reconnaissance de la victoire spéculative de la contradiction apparente entre la causalité et la téléologie, nous avons déjà établi que cet argument était faux et de nulle valeur. La répugnance à admettre un principe d'organisation, sous quelque dénomination que ce soit, se fonde surtout sur l'objection que toute confirmation d'un principe de ce genre serait un *empiètement* métaphysique sur la nécessité mécanique inéluctable des lois de la nature, qui les supprimerait en partie et, par conséquent, serait assimilable à l'idée du miracle en théologie (cf. l'*Inconscient*, etc., p. 18-19). Mais il y a là une assimilation essentiellement fausse entre l'idée d'un principe d'organisation agissant conformément à des lois, et un acte miraculeux, arbitraire, en dehors de toute loi. En tant que le miracle n'est pas entendu comme *contraire* à la nature (et il ne s'agit ici que de ceux-là), il n'y a en réalité d'autre motif raisonnable de protester à *priori* contre lui, que le caractère d'*arbitraire* qu'il présente, qui est l'opposé de l'ensemble des lois téléologiques, tandis qu'à *posteriori* le miracle ne peut être combattu que par l'insuffisance des preuves fournies en faveur des faits miraculeux. Le changement du pain en chair est un acte arbitraire sans lien logique et raisonnable avec la remise des péchés qui doit en être le résultat ; c'est seulement pour cela qu'on est en droit de protester à *priori* contre un miracle pareil. Par contre, il n'y a pas lieu de comparer à cet acte arbitraire d'une magie fantastique toute métamorphose du germe en vue d'une génération hétérogène, sans laquelle serait impossible le passage à un degré déterminé d'organisation supérieure réclamée téléologiquement, parce que cette métamorphose forme un moment nécessaire dans le processus d'évolution régulier de l'organisation. Ignorer cette différence intime, et, s'appuyant sur une analogie extérieure, se servir de la répugnance contre le miracle pour dénigrer l'intervention métaphysique régulière du principe d'organisation, paraît donc inadmissible et ne prouve rien.

Et, entendons-nous bien ! je ne veux pas dire ici que l'action des lois mécaniques naturelles doive s'arrêter ; je veux dire seulement qu'à côté d'elle il s'introduit l'action d'un facteur nouveau, par suite duquel naturellement le résultat total doit être différent de ce qu'il aurait été sans cela. Supposons un bateau luttant à force de rames contre le courant sans pouvoir avancer ; le vent qui s'élève, qui commence à souffler sur la voile dormante, permet à l'effort jusque-là inutile des rameurs, d'obtenir un résultat sensible. Supposons une comète gazeuse gravitant vers le soleil, subitement allongée en forme de queue par les forces électriques, l'électricité est venue s'ajouter à la gravitation. Ces interventions ne modifient en rien dans leur essence régulière les lois de la nature ou de la force dont les résultats seuls sont altérés ; il en est de même du facteur nouveau qui modifie le résultat et consiste dans l'activité régulière du principe d'organisation. Protester là contre ne serait pas plus fondé que d'établir à *priori* qu'il n'y a, dans la nature inorganique tout entière, *pas d'autres actions* que celles qui naissent des forces atomiques suivant les lois de la nature inorganique. Cela paraît certain aux partisans du concept mécanique de la nature ; mais l'existence de cette opinion chez eux est d'abord une simple pétition de principes, un *préjugé sans fondement;* il naît de ce que l'objet de la science de la nature (à la différence de la philosophie de la nature) qui s'épuise exclusivement à rechercher le lien causal mécanique, par une légère exagération de la spécialité scientifique, est tenu pour l'objet exclusif de *toutes* les sciences.

Protester, d'un point de vue strictement scientifique, contre l'hypothèse d'un principe d'organisation, a donc aussi peu de valeur, que de supposer la chose qu'il faut prouver par cette supposition même, c'est-à-dire la *non-existence* d'autres causes concourant avec les forces atomiques inorganiques dans les processus naturels. Si l'on admet, explicitement ou implicitement, cette hypothèse non prouvée, arbitraire, alors seulement le recours de prédilection à la généralité de la loi causale peut éveiller le doute sur l'introduction d'un principe métaphysique comme générateur de la loi d'évolution organique, car, alors seulement, cette collaboration semblerait une usurpation sur le domaine de la loi causale. Mais il est clair que cette objection est tout à fait insoutenable ; car, s'il y a un principe métaphysique de ce genre, sa collaboration est *elle-même causale* dans le processus d'évolution, c'est-à-dire qu'elle tombe sous l'idée de causalité, et ne peut par conséquent jamais donner lieu à des réclamations pour avoir brisé la rigidité du lien causal naturel.

A ma connaissance, on ne peut chercher réellement une preuve contraire à l'existence d'un principe d'organisation qu'en partant d'un seul point de vue, savoir : de la conservation de la force (voir la *Philosophie de l'Inconscient*). Cette loi n'est nullement démontrée pour le domaine dont il s'agit, et ne le sera peut-être jamais ; on le reconnaît et on en appelle à son évidence à *priori*. Je n'y contredis pas pour ma part ; seulement, en premier lieu, on ne peut déterminer à *priori* sous quelle *modalité* peut se présenter la loi, dans la transition du domaine matériel au domaine psychique, et, en second lieu, il faut considérer que, très-certainement, ce n'est pas à *priori* qu'on peut prétendre restreindre le principe de la conservation de la force au domaine des forces matérielles atomiques. Car, à *priori*, on peut aussi bien soutenir que s'il y avait, en dehors des forces atomiques, encore d'autres forces naturelles (psychiques, métaphysiques, etc.), on devrait supposer aussi pour ces dernières, d'une manière quelconque, une loi de la transformation des différentes formes possibles de force vive et d'énergie. Mais, y a-t-il d'autres forces de ce genre, et s'il y en a, comment se transforment-elles l'une dans l'autre, et dans quelles relations doivent-elles être par rapport aux formes de force naissant des forces atomiques? Pour résoudre toutes ces questions, la loi de la conservation de la force ne nous fournit absolument aucun secours.

Pour le but que nous nous proposons, d'ailleurs, nous pouvons laisser complétement de côté la question des manifestations psychiques des forces de l'esprit humain, à laquelle s'applique d'abord la discussion de l'écrit cité, car l'hypothèse d'un principe d'organisation ne réclame pas nécessairement le développement d'une force particulière. Il suffit ici pleinement d'admettre que l'action du principe d'organisation, sans l'intervention d'aucune force nouvelle, se réduit à exercer une influence sur le mode de transformation des combinaisons de forces atomiques, en d'autres termes, de forces dérivées sous la garantie de la loi de conservation dela force. Cette influence se manifesterait d'une façon particulièrement éclatante par ce fait, que la tendance de la nature inorganique à la *stabilité*, c'est-à-dire à la détermination d'un système aussi stable que possible, est paralysée; le résultat contraire se produit, c'est-à-dire la transformation de combinaisons stables en combinaisons instables, comme cela ressort de la différence chimique des composés organiques et inorganiques. Mais, en tout cas, une influence de cette nature s'exercerait sur la détermination de la forme suivant laquelle se disposent les éléments matériels et qui, dans les organismes ainsi obtenus, est spécialement différente de celle qu'auraient prise ces mêmes éléments matériels, sous la seule influence des lois inorganiques de la nature.

Il résulte de tout cela que la critique à *priori* contre l'hypothèse d'un principe d'organisation, est juste aussi impuissante que les tentatives positives faites pour expliquer la finalité organique par des principes purement mécaniques. L'action du principe d'organisation se comporte par rapport au but comme μηχανη, ou comme moyen ; d'autre part, la loi téléologique qu'elle suit est déterminée avec une nécessité logique comme celle des lois naturelles organiques.

Et même l'activité des forces atomiques suivant les lois de la nature inorganique, abstraction faite de la constance du principe métaphysique générateur de ces forces [1], est en réalité différente à chaque instant du processus cosmique ; elle ne revient jamais exactement à sa valeur antérieure, comme dans l'activité du principe d'organisation, et, dans les deux cas, le mode variable de manifestation des principes métaphysiques agissants est déterminé de la même manière par des lois logiquement nécessaires. Cette nécessité de la réaction est, dans les deux cas, *inconsciente*, mais, dans les deux cas, *logiquement* nécessaire, et par suite raisonnable, et aussi bien causale que téléologique ; il est donc inexact de l'appeler *aveugle* dans un cas et pas dans l'autre (*L'Inconscient*, etc., n° 18). Dans les deux cas la finalité est immanente à l'activité suivant des lois ; dans les deux cas, cette immanence est donnée, non pas explicitement, mais implicitement. Que, dans chaque cas, les fins individuelles soient ou non remplies, cela est parfaitement indifférent pour la téléologie dans la collision générale des

---

1. Les forces atomiques aussi bien que le principe d'organisation ou l'impulsion formatrice sont des principes *métaphysiques*, qui agissent derrière le phénomène appelé matière ; cela devrait être assez généralement reconnu par la science (Cf. Dubois-Raymond, *Sur les limites des connaissances naturelles*). Mais on trouverait difficilement, même parmi les savants, un doute sur le caractère métaphysique du principe d'organisation.

fins individuelles. Si le principe d'organisation, d'après sa nature, doit servir le dessein *général* du processus naturel par la poursuite de la finalité individuelle, il ne le fait pas directement, mais aussi *indirectement* que les lois naturelles inorganiques, qui ne visent que l'ensemble d'une façon générale, non individuelle, et qui compromettent les fins de la vie individuelle, à un degré plus élevé que le dessein d'une autre vie individuelle ne pourrait le faire. Les lois organiques, comme les lois inorganiques, peuvent également servir à remplir les fins de la nature, dans l'hypothèse de l'existence réciproque les unes des autres ; le principe d'organisation, sans la nature inorganique, ne pourrait engendrer les réalisations finales, et inversement. L'activité de chaque élément, privée du concours de l'autre, serait au même degré impuissante téléologiquement, c'est-à-dire manquerait le but final de la réalisation de l'évolution idéale.

De toutes les déterminations de ce genre on ne peut donc pas conclure à une différence entre les lois organiques et inorganiques ; cette différence, il faut plutôt la chercher en ce que le mécanisme logique, dans les rapports des moments qui déterminent la nécessité logique du mode d'action, repose sur un terrain entièrement idéal pour le règne organique, tandis que, pour le règne inorganique, il est réalisé en partie extérieurement, et cela nous conduit à déterminer à l'exclusion du dernier le prédicat du mécanisme, en tant que, par mécanisme, nous entendons un *tout* logiquement nécessaire entre des moments réels (et par conséquent s'il s'agit de relations quantitatives : pouvant se déduire *mathématiquement*). Mais les moments du mécanisme logique idéal sont réalisés parce qu'ils deviennent, en essence, des actes de volonté, c'est-à-dire des forces, dont la combinaison logiquement nécessaire (mathématiquement mécanique), doit fournir les résultantes plus ou moins compliquées (par exemple, la lumière, la chaleur, l'électricité, le magnétisme, l'affinité chimique, etc.). Le point immédiatement saisissable pour la connaissance du caractère téléologique qui est immanent aussi aux lois inorganiques, devra donc être cherché d'après cela spécialement dans l'essence qualitative et quantitative, et dans les rapports numériques des composantes les plus simples des forces atomiques primitives, tandis que, pour les lois organiques, où les moments du mécanisme logique (en tant qu'ils ne sont pas déjà réalisés dans les lois inorganiques) restent complétement idéaux, la résultante qui entre dans la réalité [1] peut fournir le premier moyen pour reconnaître le caractère téléologique.

En reconnaissant ainsi que les groupes des lois organiques et des lois inorganiques ne se distinguent entre eux que par la proportion des moments, parvenus à réalisation, du mécanisme logique-idéal existant dans les deux cas ; que, par conséquent, l'idée ordinaire des lois purement mécaniques est restreinte

---

1. Il serait erroné de vouloir déduire une différence entre le principe d'organisation et les forces atomiques inorganiques, en admettant que le premier ne fasse qu'entrer en action dans le phénomène, tandis que les secondes pénètreraient en substance dans la réalité ; — que le principe d'action, d'après son essence, reste transcendant, abstrait, tandis que les forces atomiques entreraient en quelque sorte dans le monde sensible en chair et en os. Pour dissiper cette erreur, je rappelle encore une fois que la force atomique est et demeure elle-même un principe métaphysique, qui, réuni aux actions résultantes (collisions avec d'autres atomes et changements de place qui en découlent), suffit dans le monde des phénomènes objectifs, mais qui, en essence, tout aussi bien que le principe d'organisation, reste dans l'obscurité métaphysique transcendantale.

arbitrairement suivant un caractère extérieur, nous arrivons, en dernière analyse, à mettre de côté tous les scrupules contre l'*absolu* de la téléologie cosmique qui pourraient provenir de ce que cette téléologie, comme nous l'avons vu plus haut, n'est pas réalisée par des moyens *purement mécaniques* (dans le sens ordinaire du mot); car nous comprenons maintenant qu'elle est réalisée d'une façon absolument téléologique, c'est-à-dire absolument mécanique, si on n'entend, sous ce nom de mécanisme, que le mécanisme idéal de la nécessité logique, lequel prend une réalisation accessoire et externe, en tant que ses mouvements sont individuellement réalisés. Dans le monde des lois inorganiques, la réalisation commence d'abord par les forces atomiques, derrière lesquelles doivent résider de tout autres moments logiques qui déterminent leur essence. Dans le monde des lois organiques, les confirmations isolées du principe d'organisation ne sont *immédiatement* que la poursuite des fins individuelles qui, à leur tour, ne sont toutes que des moments, à la fois réels et logiques, de l'évolution téléologique générale. De cette manière, on arrive à concilier sans efforts la façon ordinaire de considérer les choses avec la métaphysique, comme je l'ai déjà exposé dans mes *Erlauterungen zur Métaphysik des Unbewussten* (Eclaircissements sur la métaphysique de l'inconscient).

Je crois pouvoir admettre ici qu'un examen critique plus approfondi du darwinisme a confirmé, de la manière la plus éclatante, aussi bien la nécessité logique de la conciliation du concept téléologique et du concept mécanique de la nature, que la nécessité de l'union de lois organiques et inorganiques, d'un principe d'organisation et de forces atomiques pour expliquer la nature organique. Cette critique a donc ainsi à la fois justifié, et confirmé plus à fond, le point de vue de la *Philosophie de l'Inconscient*, tout en le développant d'une façon plus claire et en le précisant avec plus de netteté, sans y rien ajouter de particulièrement nouveau et sans y changer quoi que ce soit. Mais même si ce résultat pouvait être contesté, on ne serait nullement fondé à en conclure que les considérations du chapitre A de la *Philosophie de l'inconscient* sur la finalité organique cesseraient de se justifier, parce qu'elles ne s'occupent point du darwinisme et de la théorie de la descendance, et qu'elles partent de l'instinct au lieu des formations organiques. En effet, d'une part, la descendance ne peut jamais fournir à l'évolution organique individuelle autre chose qu'un *point de départ*, et le champ reste ouvert aux investigations sur l'évolution à partir de ce point; d'autant que la transmission héréditaire est un domaine inconnu, obscur, qui a lui-même besoin d'un principe d'organisation.

D'autre part, rien ne préserve mieux de la partialité, dans la façon de concevoir un problème, que la tentative de le prendre d'un côté tout à fait différent. Si cette double tentative avait donné des résultats divergents, elle aurait fait surgir le problème de déterminer la valeur relative des différents ordres de considérations contradictoires; mais, puisqu'elle a fourni des résultats *concordants*, la différence des points de départ et l'identité des points d'arrivée assurent à la théorie un haut degré de vraisemblance. Or c'est le cas pour les chapitres A et C de la *Philosophie de l'inconscient* relatifs au concept de l'impulsion formatrice organique. Il s'ensuit que les objections opposées à ces chapitres semblent sans fondement réel ou formel. En revanche, il est très-possible que, notamment dans le chapitre A (et en partie aussi dans le chapitre B), il y ait beaucoup à ajouter sur le mode d'action *immédiate* du principe d'organisation (ou de l'Inconscient métaphysique) et que, par suite, avec le progrès des connaissances, on puisse reconnaître des *moyens* mécaniques ; cela pourrait arriver surtout pour la modification, suivant le principe de Lamarck, des rapports de structure moléculaire de l'organe central du système nerveux, et, à ce point de vue, l'écrit anonyme *Sur l'Inconscient, etc.*, fournit des matériaux qui ne sont peut-être pas sans valeur. Mais cela ne change rien ni à la nécessité du principe d'organisation, ni à la nécessité d'une conciliation du concept téléologique et du concept mécadique de la nature ; le point de vue de la philosophie de l'Inconscient reste donc tout à fait intact en principe.

De même les vues présentées dans l'écrit plusieurs fois cité, chap. 3, sur l'évolution du point de vue de la théorie de la descendance, sont pleinement erronées en tant que, d'abord, en ce qui concerne l'habitabilité de la terre et la dépendance des organismes qui s'y forment, elles confondent les idées de *cause* et de *condition*, et que, en second lieu, en ce qui concerne la perfection relative qui résulte de la sélection naturelle, elles négligent la différence mentionnée plus haut entre la perfection *d'adaptation* et la perfection *d'organisation*. En sorte qu'il n'y a pas besoin de s'appuyer sur le caractère du principe de sélection, qui n'est pas du tout purement mécanique, pour montrer la faiblesse radicale d'un concept de l'évolution organique construit sur de telles bases. Une certaine composition chimique de l'atmosphère est certainement une *condition* pour que l'air devienne respirable, et par conséquent, une *condition* d'existence des oiseaux et des mammifères ; mais la production de cette composition de l'atmosphère ne sera jamais une *cause* faisant que les oiseaux ou les mammifères naissent de poissons à respiration branchiale. La sélection naturelle, même si c'était un principe purement mécanique dans le sens darwinien, pourrait tout au plus expliquer la perfection de l'adaptation physiologique d'un type d'organisation une fois donné ; mais c'est précisément de ce type qu'il s'agit lorsqu'on parle de l'*évolution* ascendante de l'organisation. Ce type d'organisation est donc nettement en dehors du domaine des principes d'explication mécanique agissant par voie d'adaptation externe, etc. ; et le concept de l'évolution téléologique interne ne pourra jamais être ruiné, ou simplement affaibli, par de tels expédients mécaniques d'évolution. Au reste, l'importance profondément philosophique, que semblait avoir une tentative de ce genre, disparaît par les considérations, énumérées plus haut, sur l'union indivisible de la causalité mécanique et de la téléologie dans le principe supérieur de la nécessité logique, qui annule et renferme tout l'ensemble des lois organiques et inorganiques, aussi bien au point de vue causal qu'au point de vue téléologique.

FIN

TABLE DES MATIÈRES